汲古選書 45

中国火薬史

—黒色火薬の発明と爆竹の変遷—

岡田 登 著

図三　隋の皇帝、煬帝は除夜に西安の宮廷で図のような観灯の行事を行っていた。元の任月山が描いた『煬帝夜遊図』(唐宋元明名画展覧会編：『唐宋元明名画大観』大塚工芸社(1929）による）

図八　マーラが火槍を使用している絵が描かれている旗
（ギメ博物館蔵）部分図

図九　マーラが火槍を使用している絵が描かれている旗
（ギメ博物館蔵）全図

はじめに

火薬は、いつ、どこで、最初につくられたものであろうか。また、どのような状況の下で、どのようにつくられたものか。黒色火薬は、中国の三大発明、すなわち①紙と印刷術、②航海術(羅針盤)、③数多くある火薬の中の一つの黒色火薬、あるいは①紙と②印刷術を別々に数えて世界の四大発明の一つにも数えられている。しかしながら火薬について、その正確な発展史を論じたものは今日まで見受けられない。因みに宋代の一〇四四年に編集された兵書の『武経総要』には「霹靂火毬」の記載がある。これをつくるには亀裂のない竹筒を「火薬」と記された「燃焼剤」でつつむ。これを使用するとき、焼け火箸のような「火錐《かすい》」で点火すると記されている。もし、この「火薬」が現在、使われている爆発性の「黒色火薬」であったならば、点火した人が大怪我をすることは必然である。にもかかわらず、中国ではこれを「火薬」として扱っているのである。それに加えて、中国では古代から、仙人が山深い棲家で錬丹術(錬金術)で「火薬」を発明したとする論著もある。

ヨーロッパにおける火薬の発明説には次のようなものがある。イングランドではロジャー・ベーコン、ドイツではベルトールド・シュワルツ、フランスではマックス・グレッカスらがそれぞれ発明したとされている。また、古くはインドで発明したとするイギリス人のラングレス、ベックマンらの説もある。中国で発明したとするのは中国の馮家昇の説であり、また、近年にはマムルーク朝において発明されたとするアイアロン教授の説がある。なおヨーロッパ人の銃砲の専門書には、火薬の発明は、いつ、どこで、誰によってなされたか、全く不明である、といった論著が多い。

このように見てみると、火薬の歴史を記した研究書は無数にあるが、いずれも「群盲、象を評す」の諺どおりに、象の各部分の形を論議したようなものばかりである。しかしながら、もし、このような方法でも、象の形を的確に知ろうと思ったならば、まず碁盤の目のような座標軸をつくり、さらにこれを立体的にする。そして前からどの位置の、どの高さの所に、いかなる形の物体が存在しているかを記入していけば正確にその姿を知ることができる筈である。

したがって、黒色火薬の歴史は無数の歴史書のなかから、いつ、どこに、どのような、爆発があり、どのような娯楽用の花火があったかを調べていけば、正確に判る筈である。

竹は、中国では揚子江の沿岸に多く自生する。とりわけ、揚子江の南岸に多い。クレッシー（Cressy, G. B.）教授によれば、揚子江と淮水（淮河）にある、いわゆる、クレッシー線を境とし、それ以北には自生しない。竹の成育には多くの水分を必要とする。竹は地表に根をはり、寒冷の地方では土壌の水分が氷結し竹の根を破壊するため生育しないのである。これまで竹はさまざまな道具や器具をつくるのに用いられ、人々の生活を潤してきた。現在の爆竹には竹は使われていないが、爆竹のルーツは、竹を焚火の中で燃やすことから始まった。

したがって、火薬の歴史を解明するには、古典に記された史実などを蒐集する。その中から、その事実や現象を、科学的（化学的）に、火薬を使ったものか、否かを客観的に判断する。そして、いつの時代に、どこでこのような事実や現象があったから、これは火薬を使ったものである、といった分析を加え、火薬の歴史を組み立てるほかに方法はない。

ここに中国の原典を繙き、それに基づいて、中国の黒色火薬実用化の時期についても明確にした。併せて竹を燃やす爆竹の始まりから宋代に至るまでの爆竹、爆仗、煙火（烟火、花火）の全貌をほぼ明らかにしたのが本書である。

目次

はじめに……i
凡例……vii
一　烽燧、庭燎からの爆竹……1
二　口から火を吐く火戯「吐火」……21
三　隋代の火戯と爆竹……30
四　唐代の火戯と爆竹……40
五　竹筒と中国古代の錬丹術（錬金術）……49
六　火筒――竹筒を用いた唐代の軍事火器……59
七　宋代前期の爆竹……64
八　火薬は外国から中国へ伝わったか……98
九　黒色火薬の発明による煙火、及び軍事火器……104
十　宋代後期の爆竹、爆仗、煙火……124
十一　煙火に似ている宋代の軍事火器……151

十二　金代の観灯、爆竹、及び火缶……167
十三　火槍、流星、爆竹、爆仗、煙火……176
おわりに……181

凡例

一、本書は常用漢字と現代仮名遣いを用いて表記したが、漢籍の訓読には、歴史的仮名遣いによって書き下し、旧漢字は常用漢字に改め、読者の便に供した。

二、本書に記載の年号は、西暦年によって統一し、これを漢数字で記した。原著者、あるいは編者の生卒年、原典などの成立年は括弧（　）内に漢数字で明示した。典拠の成立年が不詳の場合は原著者の卒年、あるいはその時代の終りを括弧（　）内に明示し、成立年に代えた。

三、「注」と「文献」とに引用の原典には、まず、その原著者名、原典名、引用の巻数を明示し、また、同じ著者名で巻数の異なる刊本があるときは、巻数の多い著書をえらび、その巻数を記した。次にその成立年を漢数字で明記した。

四、著作、論文などの巻数（号数）、頁数、出版年などについては、理数系の表記方法を使用した。すなわち、原著者名、論文名、あるいは書名、及び雑誌名、などの次の最初の数字は、巻数（号数）を太字であらわし、つづいて頁数、出版年（発行年）を西暦年で統一して示した。

例一、頁19　和田久徳「荊楚歳時記について」、東亜論叢、**五**、三九七、一九四一　は同著者、同論文名、同誌名、五巻、三九七頁、一九四一年発行を示す。

例二、頁18　Mayers, W.:"On the Introduction and Use of Gunpowder and Firearms Among the Chinese", J. North-China Branch Royal Asiatic Society, **6**, 73, 1870. は同著者、同論文名、同誌名、vol. 6. p73, 1870年発行をあらわす。

中国火薬史

——黒色火薬の発明と爆竹の変遷——

一　烽燧、庭燎からの爆竹

中国では、古く原始時代から、軍事の通信目的として、敵の来襲を知らせる合図の火、すなわち烽燧《ほうすい》が発達していた。[1]また一方、宮廷では夜中に参内の諸臣を照らすために、炬火《きょか》（たいまつの火）、あるいは庭燎《ていりょう》（かがり火）などが用いられていた。[2]

烽燧がまず最初に行われ、つづいて庭燎が用いられるようになったのか、あるいはその逆であったのか、明らかにすることはできないが、烽燧あるいは庭燎などの火の中へ生竹を投ずることにより、大きな爆発音を発生させ、爆竹として用いることは古くから行われていたと推定される。この中国における竹を燃やす爆竹は、インドなど、バンブー（竹）の自生地において、猛獣などを追い払うために行われた方法[3]が中国に伝わったものか、それとも中国古来のものか、明らかでない。あるいは、竹を燃やして爆発音を起こすことは、人類の火の使用とともに始まったものと考えられる。

宋代の兵書である『武経総要《ぶけいそうよう》』（一〇四四）には後述の霹靂《へきれき》火毬《かきゅう》なる軍事火器の記載がある。これは竹の周囲を燃焼剤で包んだものであるが、その目的は竹が燃えたときの爆発音により、霹靂、すなわち雷のような大音響を発生し、敵を威嚇するためのものである。この霹靂火毬は爆竹の爆発音を利用したものである。

十三世紀に中国を旅行したマルコ・ポーロの旅行記『東方見聞録』には、四川省へ旅行したとき、野宿する際、焚火《たきび》の中に生竹を投じて大音響を発生させ、野獣が近寄るのを防いだことが記されている。これは十三世紀のことであるが、それ以前のかなり古い時期から行われていたと考えられる。この方法が単に野獣のみならず、妖気あるいは妖怪を追い払い、あるいは鬼を退治する目的で、次第に爆竹として行われるようになった、と考えられる。マルコ・ポーロの記述は極めて誇張の多いことでも知られるが、当時、大音響を簡易に発する方法は、この爆竹のほかにはなかったと思われる。

竹を燃やし爆竹を行うことについて、宋代初期に書かれた『太平御覧《たいへいぎょらん》』（九八三）は後漢の鄭玄《じょうげん》（一二七～二〇〇）が著した『易緯通卦験《えきいつうかけん》』（～二〇〇）を引用し、また、『太平御覧』及び『事物紀原《じぶつきげん》』（～一〇八五）は後漢（二五～二二〇）に書かれた『風俗通義《ふうぞくつうぎ》』を引用して述べている。この爆竹が、具体的にどのようなものか明らかでない。しかしながら、後述の四〇〇～五〇〇年頃に書かれたとされる『神異経《しんいけい》』には「焚火の中へ竹を入れ、爆発音を発する」と記されているし、また『荊楚歳時記《けいそさいじき》』（六〇〇頃）には「爆竹は庭のかがり火（庭燎）から起こる」とある。これによると、庭で焚火をし、その中で竹を燃やしていたことが分かる。

この「爆竹は庭のかがり火から起こる」とある記述については『太平御覧』、『事物紀原』、『続《ぞく》博物志《はくぶつし》』（一一五〇頃）、『歳時広記《さいじこうき》』（〜一二六六）、『古今事物考《ここんじぶつこう》』（一五三八）、『月令広義《げつれいこうぎ》』（一六〇二）など、後世の多くの書にもほぼ同様のことが述べられており、そのいずれもが『荊楚歳時記』を引用している。これによって庭で焚火をし、その中で竹を燃やす爆竹がその発端であったことを知ることができる。

この爆竹がいつから行われるようになったか明らかでないが、『太平御覧』[4]は『周書緯通卦《しゅうしょいつうか》』を引用して「まず庭で爆竹し」とある（この『周書緯通卦』は実在しない。したがって、次に述べる『易緯通卦験』のこととも考えられる）。

一方、『太平御覧』[5]には『易通卦験』（『易緯通卦験』）の一文をあげて、次のようなことが行われたと記されている。

『易通卦験』にいうには「正月の夜明けに、人は衣服や冠を整え、家の庭で爆竹し、紙に鶏卵を描き、或いは五色の土を家の入り口の戸にちりばめ、不吉なことを厭うのである」と。

ほぼ同様のことが、明代の董斯張《とうしちょう》が著した『広博物志《こうはくぶつし》』[6]（一六〇七）、歳時記の『月令採奇《げつれいさいき》』[7]（一六一九）などにも『易緯通卦験』を引用して述べられている。しかしながら、『易緯通卦験』の原典は、後世散逸し、残存する他の古典から収集して編集したためか、現存する『易緯通卦験』には爆竹の記載はない。

また『太平御覧』[8]には応劭《おうしょう》が著した『風俗通《ふうぞくつう》』を引用して、「猛獣の叫び声は爆竹に似ている」

とある。また後述のように『事物紀原』にも『風俗通』に記されていることが述べられている。しかしながら、『風俗通義』は、原典が戦乱などにより散逸し、後世の人が残存する他の古典から集めて編集しなおしたためか、現存する『風俗通義』にはその記載がない(9)。

したがって、中国では爆竹がいつから行われるようになったか、現存する古典から正確に明らかにすることはできないが、後漢以前から行われていたと推定される。

現存する古典で、爆竹について記されている最古のものは『神異経(10)』である。それには次のようなことがあったと記されている。

西方の深い山中に小人《こびと》がいた。身長は三十センチ余りで、裸で川の蝦《えび》や蟹を捕えていた。彼らの性質は人を恐れない。人が野宿するのを見て、夕暮時に人が使った焚火の火を用い、蝦や蟹を焼き、人の留守を狙って塩を盗み、蝦や蟹に塩をつけて食べていた。彼らを名づけて山臊《さんそう》という。

あるとき、人が竹を焚火の中に入れると爆発音が発生した。山臊人はみな驚き恐れた。この小人を馬鹿にしていじめると、人を病気にする。彼らは、人の形をしてはいるけれども、人から変化したもので、鬼や、お化けの類である。いま、どこの山中にもいるのである。

すなわち、焚火の中へ生竹を入れると燃えて爆発音が発生し、山臊人が驚き恐れたことが記されている。この山臊人は山𤢖《さんそう》、山繰《さんそう》とも書かれ、山中の怪人、怪獣などを意味する。次に述べる

『荊楚歳時記』には山臊鬼《さんそうき》として、『続博物志《ぞくはくぶつし》』及び後述の『該聞集《がいぶんしゅう》』、あるいは『該聞録《がいぶんろく》』には山魈《さんしょう》として、または後世の『清嘉録《せいかろく》』（一八三〇）には山㺐《さんしょう》として記されている。

この『神異経』の作者は東方朔《とうぼうさく》とされる。東方朔は前漢の人であるが、『神異経』の内容は前漢のことを記したものでなく、『神異経』は東方朔の名を使った偽作ともいわれている。

古く、ワイリー（Wylie, A.）氏は、『中国古典の覚え書き』（一八六七）の中で『神異経』について記し、またその成立年を四〇〇～五〇〇年頃としている。マイヤーズ（Mayers, F. W.）氏らは「中国における黒色火薬と軍事火器の使用のはじまり」（一八七〇）の中で、ここに記された『神異経』を英訳し、また山臊についても記しており、中国では竹を燃やす爆竹が行われていたことを述べている。ハーバート（Herbert, F.）氏も「『神異経』の原典考証について」（一九六一）という論文を発表している。タン・リーチェン（Tun Li-ch'en）氏、及びボッデ（Boode, D.）氏は『北京における年間行事と祭り』（一九六五）の中で、山臊について記し、ここに記された『神異経』を英訳している。また、ボッデ氏は『中国古代の祭りについて』（一九七五）の中で、竹を燃やす爆竹が、宋代以前に行われていたことを述べている。また、この『神異経』は次に述べる『荊楚歳時記』にも引用され、ここに記された内容は守屋美都雄教授等の訳注による『荊楚歳時記』によって詳しく知ることができる。

梁代（五〇二～五五七）の宗懍《そうりん》（五〇〇頃～五六五頃）が著した『荊楚歳時記』(11)は、湖北省湖南省の一帯の地、荊楚地方の歳時記であるが、正月の爆竹について次のように記されている。

正月元旦は、年の始め、月の始め、一日の始め、すなわち年・月・日の始まる時である。春秋時代《しゅんじゅう》(B. C. 七〇〇~B. C. 四〇三)には正月を端月《たんげつ》といっていた。鶏の鳴くのを聞いて起き、まず庭で爆竹し、山臊の悪い鬼をさける。『神異経』によれば、「西方の山中に小人がいる。その身長は三十センチ余りで、片足である。彼らの性質は人を恐れない。彼らをいじめると人を病気にする。彼らを名づけて『山臊』という」と。

あるとき、竹を焚火の中に入れると、爆発音が発生した。すると山臊は驚き恐れ、遠くへ去った。彼らは『玄黄経《げんこうけい》』という書に記された「山の鬼」である。俗人が思うには、爆竹は庭燎から起こった。国の王でも、爆竹を乱用してはならないのである。

すなわち、荊楚の地においては、当時は正月一日に庭で焚火をし、その中に生竹をおき、爆竹をしたことを知ることができる。

この『荊楚歳時記』の成立年代などの書誌学的な考察について、古くは前述のワイリー氏が、これは隋代に書かれたものであることを述べている(一八六七)。前述のマイヤーズ氏らは、ここに記された『荊楚歳時記』を英訳している(一八七〇)。わが国でも和田久徳教授は『荊楚歳時記』についての書誌学的な考察を行っている(一九四二)。加えてトゥルバン(Turban, H.)博士によるドイツ語訳があるし(一九七二)、また前述の守屋美都雄教授の詳しい解説書がある(一九七八)。

また後述のように、この『荊楚歳時記』に記された爆竹については、後世の多くの書にも引用されている。

『荊楚歳時記』に注を付けた杜公瞻《とこうせん》の叔父の杜台卿《とたいけい》が著した『玉燭宝典《ぎょくしょくほうてん》』[12]（～六一七）にも、爆竹について『神異経』を引用し、『荊楚歳時記』とほぼ同様のことが述べられている。

さて、爆竹について記述したものでは、後述の梁克家《りょうこくか》が著した『淳熙三山志《じゅんきさんざんし》』[13]（一一八二）がある。これには『荊楚歳時記』を引用し、更に次のように述べている。

李彤《りとう》がいうには「元日に庭で爆竹を行い、山の鬼の災いをさけるのだ」と。

この李彤は、晋代（二六五～四二〇）の人で、彼の著書には『字指《じし》』（～四一九）がある。しかしながら、現存する『字指』には爆竹の記載はない[14]。すなわち、梁克家が『淳熙三山志』（一一八二）を著した頃には、爆竹の記載があったが、後世には散逸してしまったためか、あるいは『淳熙三山志』の著者が誤って記したためか、明らかでない。また後世の書で「李彤」を引用しているのは、この『淳熙三山志』があるのみである。

前述の『神異経』あるいは『荊楚歳時記』に記されている「山臊を退治するために、庭で竹を燃やし爆竹を行う」ことについての記載は、後世の多くの書、『太平御覧』（九八三）、『事物紀原《じぶつきげん》』（～一〇八五）、『続博物志』（一一五〇頃）、『甕牖間評《おうゆうかんぴょう》』（一一九〇）、『歳時広記《さいじこうき》』（～一二六六）、『事《じ》林広記《りんこうき》』（～一二六六）、『古今事物考』（一五三八）、『書言故事《しょげんこじ》（大全）』（一五八九）、『天中記《てんちゅうき》』（一五九五）、『月令広義』（一六〇二）、『月令採奇《げつれいさいき》』（一六一九）『（古今）類書纂要《るいしょさんよう》』（一六二一）、『古今事物原始全書』（一六六一）、『格致鏡原《かくちきょうげん》』（一七〇八）、『佩文韻府《はいぶんいんぷ》』（一七一一）、『月令輯要《げつれいしゅうよう》』（一七一五）、『通俗編《つうぞくへん》』（〜一七八八）、『月日紀古《げつじつきこ》』（一七九四）、『事物原会《じぶつげんかい》』（一七九六）、『清嘉録《せいかろく》』（一八三〇）などにも記されている。しかしながら、これらの多くの書の中でも『神異経』（四〇〇〜五〇〇頃）あるいは『荊楚歳時記』（六〇〇頃）以前の爆竹の原拠について記されているものは、前述の『風俗通義』（〜二二〇）、『易緯通卦験』（〜二〇〇）及び「李彤」（〜四二〇）があるのみである。

以上から明らかなように、古い時代にあっては原因不明の災害は、妖気、あるいは何物かの祟りであって、これが山臊人によって生ずるものと信じられていた。それ故、これらの妖気や祟りを追い払うことが求められたのである。たまたま焚火の中で生竹を燃やし、その爆発音により妖気や祟りが追い払われた、と考えられるようなことが偶発した。そのため次第に爆竹が行われるようになったのである。このように元日の朝、爆竹を行うことが後漢以前（〜二二〇）から行われ始め、後世においても行われたことは明らかである。

前述のように、竹は揚子江の沿岸に多く自生し、その南岸には殊に多く、淮水（淮河）以北には自生しない[15]。中国では竹を用い、様々な道具や器具がつくられ生活を潤してきた。現在の爆竹には竹は使われていないが、現代人の目に触れることのない爆竹のルーツは竹を燃やすことから始まったのである。

それでは、この爆竹が、後世どのように使われたのであろうか。ところで、それ以前に古代の中国では「吐火」なる手品が行われていたから、まず、これについて論述する。

注

（1）烽燧が中国ではいつから行われるようになったか不明であるが、古くは周の幽王（在位B. C. 七八一〜B. C. 七七一）の故事がよく知られている。『史記』巻四、（B. C. 九〇頃）には、次のようなことがあったと記されている。

幽王三年、幽王嬖愛褒姒。（中略）褒姒不好笑。幽王欲其笑、万方故不笑。幽王、為烽燧太鼓、有寇至、則挙烽火。諸侯悉至。至而無寇、褒姒乃大笑。幽王説之、為数挙烽火。其後不信、諸侯益亦不至。

幽王三年（B. C. 七七九）、幽王、褒姒を嬖愛す。（中略）褒姒、笑ふを好まず。幽王、其の笑はんことを欲し、万方するも、故らに笑はず。幽王、烽燧・太鼓を為り、寇の至ること有れば、則ち烽火を挙ぐ。諸侯悉く至る。至れども寇無く、褒姒乃ち大いに笑ふ。幽王、之を説（よろこ）び、為に数〻烽火を挙ぐ。其の後信ぜず、諸侯益〻亦至らず。

烽燧について記されたものでは、周の幽王の記録が最古のものと推定される。また歴代の史書、兵書にも烽燧については必ず記されており、例えば『後漢書』巻一（四四〇）には「修烽燧」（烽燧を修む）とあり、その注には次のようなことが行われたと記されている。

辺方備警急、作高土台、台上作桔皐、桔皐頭有兜零。以薪草置其中、常低之、有寇即燃火挙之、以相告、曰烽。又多積薪、寇至即燔之、望其烟、曰燧。昼則燔燧、夜乃挙烽。

辺方は警急に備へ、高き土台を作り、台上に桔皐（はねつるべ）を作り、桔皐の頭に兜零（籠）有り。薪草を以て其の中に置き、常に之を低くし、寇有れば即ち火を燃やして之を挙げ、以て相告ぐるを、烽と曰ふ。又多く薪を積み、寇至れば即ち之を燔き、其の烟を望むを、燧と曰ふ。昼は則ち燧を燔き、夜は乃ち烽を挙ぐ。

（2）庭燎が中国ではいつから行われるようになったか明らかでないが、次の原典にみられる。

（i）西周の周公旦（B. C. 一〇〇〇頃）が制定した礼制を記したと伝えられる『周礼』巻七、三十、三十六、（ii）B. C. 七〇〇～三〇〇頃に書かれた『毛詩』巻十一、（iii）周末に秦漢時代の礼に関する諸説を集めたといわれる『礼記』郊特牲、（iv）中国の訓戒的な伝説を集めた劉向（B. C. 七七～B. C. 六）の『説苑』巻七（B. C. 六）には、斉の桓公（在位B. C. 六八五～B. C. 六四三）が庭燎を設けた物語が記されている。（v）後漢時代の辞書ともいうべき『説文解字』（『説文』とも略す）十篇、（一二一）、（vi）晋代のことを記した『晋書』巻二十一（六四四）、（vii）晋代の傅玄の著した『傅鶉觚集』巻五、（viii）晋代の天子の言行を記録した『晋起居注』（～四二〇）、（ix）田融の著した

『田融趙書』（〜四二〇）、（x）陸翽《りくかい》が石虎について記した『鄴中記』（〜四二〇）、（xi）晋代の何法盛の著した『晋中興書』巻一（〜四二〇）（xii）欧陽詢の奉勅撰に成る『芸文類聚』巻四、巻八十（六二四）、（xiii）『太平御覧』巻八百七十一（xiv）及び王応麟（一二二三〜一二九六）の著した『玉海』巻七十一（一三三七）などには庭燎が記されているので、中国では古くから庭燎が行われていたとみてよい。

中でも、斉の桓公（在位 B.C. 六八五〜B.C. 六四三）の物語が広く知られており、記録にみられる最古のものと推定される。いま、『説苑』巻八（B.C. 六）によれば、次のようなことがあったと記されている。

斉桓公、設庭燎。為士之欲造見者。朞年而士不至。於是東野鄙人有以九九之術見者。桓公曰、九九何足以見乎。鄙人対曰、臣非以九九為足以見也。臣聞主君設庭燎以待士、朞年而士不至。夫士之所以不至者、君天下賢君也。四方之士皆自以論而不及君、故不至也。夫九九薄能耳。而君猶礼之。況賢於九九乎。

斉の桓公、庭燎を設けて、士の造り見えんと欲する者の為にす。朞年にして士至らず。是に於て東野の鄙人（いやしい人）九九の術を以て見ゆる者有り。桓公曰く、「九九、何ぞ以て見ゆるに足らんや」と。鄙人対へて曰く、「臣は九九を以て以て見ゆるに足れりと為すに非ず。臣聞く、『主君は庭燎を設けて以て士を待つに、朞年にして士至らず』と。夫れ士の至らざる所以の者は、君は天下の賢君なればなり。四方の士、皆自ら論じて君に及ばざるを以ての故に、至らざるなり。夫れ九九は薄能のみ、而るに君猶ほ之を礼す。況んや九九より賢れるをや」と。

（3）インドでは竹を燃やす爆竹がいつから行われるようになったか明らかではない。

（ⅰ）マクラーゲン（Mclagen, R.）氏は、bamboo について、勲爵士エリオット（Sir. H. M. Elliot, K. C. B.）氏の著した History of India（as told by its own Historians）, vol.1.～8. の Original edition（vol. 1. p345）を引用し、“On Early Asiatic Fire Weapons”, J. Asiatic Society of Bengal. vol. 16. p30.（1876）の中で次のように述べている。

The connection of bomb and bombarda with bamboo, however, is not one which illustrates the derivation of the artillery terms from the name of the cane. Βομβος, bombus, a hum or noise, is no doubt the origin of bomba and bombarda. And bamboo, (which is not a name it bears in its own countries) is supposed to be derived from the same origin (via bomba), and to have been applied to it by the Portuguese, with reference to the noisy explosion of the air chambers of the cane when burning. This is possible, though the experience which occasioned the application of the name must be supposed to have been very exceptional.

しかしながら、bomb 及び bombarda と bomboo との関連は、大砲用語が竹茎の名から由来することの説明にはならない。Βομβος, bombus すなわち不明瞭なつぶやきや雑音などが bomba や bombarda といった語の源であることは疑いがない。そして bamboo（本国で用いられている名称ではない）だが、先と同じ語源から（bomba を経て）派生したものと想像され、「竹」に用いたのはポルトガル人だと想像される。その際、彼らは竹茎が燃えるときに出す騒々しい爆発音を連想したのだろう。このように単語を当てはめる経験は、極めて例外的ではあっただろうが、考えられることである。

（ii）また、Madras Presidency（マドラス大統領府）の編集による“Manual of the Administration of the Madras Presidency, in Illustration of the Records of Government and the Yearly Administration Reports”. vol. Ⅲ. Government Press, 1893.（一八九三年政府発行、（政府記録文書及び行政年報解説－マドラス大統領府行政マニュアル）第三巻）には、Bamboo について、“bamboo (bambu, bombu) Onomatopoetic from the crackling and explosions when they burn”（竹が燃焼時にパチパチと音を立て、爆発する擬声語）と記され、またヘンリー（Henry, Y.）氏らの編集による Hobson-Jobson, John Murray.（Lond.）1886. に引用されているので、インドでも竹を燃やす爆竹があったことを知ることができる。

しかしながら、インドで竹を燃やす爆竹が、どのように、いつから行われるようになったか明らかでない。

（4）李昉『太平御覧』巻二十九、九八三。『太平御覧』の刊本には、数種あるが、本書は次の刊本によっ

た（中華書局出版、一九六〇年、新華書店北京発行所発行）。

案易緯通卦云、（中略）先於庭前爆竹。

案ずるに『易緯通卦』に云ふ、「（中略）先づ庭前に於て爆竹す」と。

（5）前掲『太平御覧』巻二十九
易通卦験曰、正月五更、人整衣冠、於家庭中爆竹、帖画鶏子、或鏤五色土於戸上、厭不祥也。

『易通卦験』（『易緯通卦験』）に曰く、「正月五更、人は衣冠を整へ、家の庭中に於て爆竹し、帖に鶏子を画き、或いは五色の土を戸上に鏤（ちりば）め、不祥を厭ふなり」と。

（6）董斯張『広博物志』巻四、一六〇七
正旦五更、正衣冠、於家庭中爆竹、貼画鶏、鏤五色土於戸上、厭不祥也。易緯通卦験。

正旦五更、衣冠を正し、家の庭中に於て爆竹し、画鶏を貼り、五色の土を戸上に鏤（ちりば）め、不祥を厭ふなり（『易緯通卦験』）。

（7）李一楫編『月令採奇』巻一、一六一九
易通卦験云、正旦五更起、整衣冠、於家庭中爆竹、画鶏、或鏤五色土於戸上、以厭不祥。

『易通卦験』に云ふ、「正旦五更に起き、衣冠を整へ、家の庭中に於て爆竹し、鶏を画き、或いは五色の土を戸上に鏤（ちりば）め、以て不祥を厭ふ」と。

（8）前掲『太平御覧』巻二十九

応劭風俗通曰、（中略）猛獣之声、有如爆竹。
応劭の『風俗通』に曰く、「（中略）猛獣の声は、爆竹の如き有り」と。

（9）応劭の著作は『風俗通義』のほかに『風俗通姓氏篇』、『応劭地理風俗記』、『泰山封禅儀』、『漢官儀』、『風俗通義佚文』、『補輯風俗通義佚文』などがあるが、いずれも爆竹については記されていない。

（10）東方朔『神異経』、四〇〇〜五〇〇

西方深山中有人焉。身長尺余、袒身捕蝦蟹。性不畏人。見人止宿、暮依其火、以炙蝦蟹。伺人不在、而盗人塩、以食蝦蟹。名曰山臊。其音自叫。人嘗以竹著火中、爆烞而出。臊皆驚憚。犯之、令人寒熱。此雖人形而変化、然亦鬼魅之類、今所在山中皆有之。

西方の深山中に人有り。身の長は尺余、袒身（かたはだか）にて蝦蟹（えび、かに）を捕ふ。性、人を畏れず。人の止宿するを見れば、暮にその火に依りて、以て蝦蟹を炙る。人の在らざるを伺ひて、人の塩を盗みて、以て蟹蝦を食ふ。名づけて山臊と曰ふ。その音、自ら叫ぶ。人、嘗て竹を以て火中に著くれば、爆烞《ばくはく》して出づ（爆発音がおこった）。臊、皆驚き憚る。これ（西方深山中の人）を犯さば、人をして寒熱せしむ。これ（西方深山中の人は）人の形にして、変化すと雖も（人から変化したものであるが）、然れども、また鬼魅（鬼や、おばけ）の類なり。今在る所の山中は皆之れ有り。

（11）　宗懍『荊楚歳時記』、六〇〇頃

正月一日是三元之日也。春秋謂之端月。鶏鳴而起、先於庭前爆竹、以辟山臊悪鬼。按神異経云、西方山中有人焉。其長尺余、一足性不畏人。犯之則令人寒熱。名曰山臊。以竹著火中、烞熚有声。而山臊驚憚。玄黄経所謂山獟鬼也。俗人以為、爆竹起於庭燎。家国不応濫於王者。

正月一日は是れ三元の日なり。春秋これを端月と謂ふ。鶏鳴して起き、先づ庭前に於て爆竹し、以て山臊の悪鬼を辟く。按ずるに『神異経』に云ふ、「西方の山中に人有り。その長は尺余、一足にして性は人を畏れず。之を犯さば則ち人をして寒熱せしむ。名づけて山臊と曰ふ」と。竹を以て火中に著くるに、烞熚《はくひつ》として声有り。而して山臊〔人〕は驚き憚る。『玄黄経』に謂ふ所の山獟の鬼なり。俗人以為へらく、「爆竹は庭燎より起こる」と。家国、応に王者に濫さるべからず。

（12）　杜台卿『玉燭宝典』、～六一七

風俗通云、（中略）畏獣之声、有如爆竹。神異経云、西方深山中有人焉。名曰山臊。其長尺余。性不畏人。犯之、則令人寒熱。以著竹火中、爆烞而出、而山臊驚憚。玄黄経謂之為鬼是也。

『風俗通』に云ふ、「（中略）畏ろしき獣の声に、爆竹の如きもの有り」と。『神異経』に云ふ、「西方の深山中に人有り。名づけて山臊と曰ふ。其の長は尺余にして、性は人を畏れず。之を犯さば、則ち人をして寒熱せしむ。以て竹を火中に著けば、爆烞して出づ。而して山臊は驚き憚ると。『玄黄経』は之を謂ひて鬼と為すは是れなり」と。

（13）梁克家『淳熙三山志』巻四十、一一八二
李彤云、元日爆竹於庭、辟山臊鬼悪。
李彤云ふ「元日に庭に爆竹し、山臊の鬼悪を辟く」と。

（14）李彤の名は唐代における『郎官石柱題名』（『読画斎叢書』所収）、『唐御史台精舎題名考』（『月河精舎叢鈔』所収）などにみられる。これらは唐代における官職などについて記されたものであり、著書についてはみられない。"Sung Bibliography"（『宋代書録』）（四〇一頁）によれば『予章黄先生文集』の「外集」は李彤（一一一九～一一七二）の編集によるといわれる。また李彤の名は『浄徳集』巻二十五の「李太博墓誌銘」にもみられる。しかしながら、いずれも爆竹については記されていない。それ故に、李彤の著書は晋代の李彤の著した『字指』があるのみである。

（15）中国の竹の産地などについては次の論著に詳しい。
（ⅰ）Cressy, G. B.: China's Geographic Foundations; A Survey of The Land and its People. McGraw-Hill, (N. Y.), 1934.（クレッシイ原著、高垣勣次郎訳『支那・満州風土記』、日本外事協会、一九三五）
（ⅱ）森鹿三「竹と中国古代文化」、東光、一、三、一九四七
（ⅲ）井ノ崎隆興「元代の竹の専売とその施行意義」、東洋史研究、一六（二）、二十九（一三五）、一九五七

文献

(1) 曽公亮『武経総要』前集巻十二、一〇四四

(2) 李昉『太平御覧』巻三十九、九八三

(3) 鄭玄『易緯通卦験』、～二〇〇

(4) 高承『事物紀原』巻八、～一〇八五

(5) 応劭『風俗通』(『風俗通義』)、～二三〇

(6) 李石『続博物志』巻二、巻五、一一五〇頃

(7) 陳元靚『歳時広記』巻五、～一二六六

(8) 王三聘『古今事物考』、巻一、一五三八

(9) 馮応京『月令広義』巻五、一六〇二

(10) 顧録『清嘉録』巻一、一八三〇

(11) Wylie, A: Notes on Chinese Literature with Introductory Remarks on the Progressive Advancement of the Art, American Presbyterian Mission Press, (Shanghai), & Trubner & Co., (Lond.), 1867.

(12) Mayers, W,: "On the Introduction and Use of Gunpowder and Firearms Among the Chinese", J. North-China Branch Royal Asiatic Society, **6**, 73, 1870.

(13) Herbert, F.: "Zur Textkritik des Schen-i ching", Oriens Extremus, 8 (2), 131, 1961.

(14) Li-chen Tun&Bodde, D.: Annual Customs and Festivals in Peking, North China Daily News, (Shanghai), 1965.

(15) Bodde, D.: Festivals in Classical China, Princeton University Press, 1975.

(16) 守屋美都雄訳注『荊楚歳時記』、平凡社（東洋文庫）、一九七八

(17) 和田久徳「荊楚歳時記について」、東亜論叢、五、三九七、一九四一

(18) Turban, H. trans.,: Das Ching-Ch'u sui-shih chi, ein Chinesicher Festkalender, Universalität München, W. Blasaditsch, Augsburg, 1971.

(19) 袁文『甕牖間評』巻三、一一九〇

(20) 陳元靚『事林広記』巻一、巻四、～一二六六

(21) 胡継宗『書言故事大全』巻九、巻十、一五八九

(22) 陳燿文『天中記』巻五、一五九五

(23) 李一楫『月令採奇』巻一、一六一九

(24) 煨崑玉『(古今) 類書纂要』巻上、一六二一
（煨崑玉『(古今) 類書纂要増刪』巻三、一六三四）

(25) 徐炬『古今事物原始全書』巻二、巻二十二、～一六六一

(26) 陳元竜『格致鏡原』巻五十、一七〇八
(27) 張玉書『佩文韻府』巻九十、上、一七一一
(28) 李光地『(欽定)月令輯要』巻五、一七一五
(29) 翟灝『通俗編』巻三十一、俳優、~一七八八
(30) 蕭智漢『月日紀古』巻中、一七九四
(31) 汪汲『事物原会』巻三十七、一七九六

二　口から火を吐く火戯「吐火」

「吐火」とは、ガソリン、アルコールなどの可燃性液体を口の中へ入れておき、これらの液体を口から吐き出す瞬間に点火し、口から火を吐いたように見せかけるのが、近代、現代の方法である。しかしながら、ガソリン、アルコールなどは、蒸留装置を使って始めてできるのであって、古代には原油やアルコール性飲料などの種類を蒸留することは知られていなかった。かなり後世の宋代になって用いられ、猛火油《もうかゆ》として記されている石油でさえも、かなりの粗製品であった。例えば『武経総要《ぶけいそうよう》』（一〇四四）には、石油を噴霧状にしてこれに点火し、この火焔を敵に向けて敵を焼き払う、火焔放射器のような構造物の「猛火油櫃筒櫃《もうかゆきとうき》」の記載があるが、「このパイプがつまったとき、鉤錐《こうすい》、通錐《つうすい》などの錐《すい》を用い、つまるのを防ぐ」と記されているので、当時の石油は精製が不充分で、かなりの粗製品であったことを知ることができるのである。

吐火が中国で、いつから行われるようになったか、を考えてみると、前漢（B. C. 二〇二～A. D. 八）の時代に、張騫《ちょうけん》（～B. C. 一一四）が西方の諸外国、いわゆる西域《せいいき》を探訪してから交流が始まり、この西域から伝来した物資や技術のなかに吐火なる技があった。当時の吐火とは、トリックを用いて手品師などが「口から火を吐く」といったことを観衆に見せて、そのように思いこませたと、考えられるのである。

漢代の司馬遷《しばせん》（B. C. 一三五頃～）が記した『史記《しき》』(1)（B. C. 九〇頃）には、ペルシャにあったパルティア王国の「安息《あんそく》の国」について「その国では、幻術をよく行っている」とある。後漢の応劭《おうしょう》が書いた注釈には「眩術とは、だまし、惑わすことである」と記されているが、眩術を行う幻人がどんな奇術を行ったのか明らかにすることはできない。

漢代のことを記した班固《はんこ》（A. D. 三二～A. D. 九二）の『漢書《かんじょ》』(2)（A. D. 九〇頃）には、次のようなことがあったと記録されている。

〔現在のウズベキスタン共和国の首都タシュケントの東方二、三〇〇キロにあるナマンガン、コーカンド、すなわち古代にはフェルガナとも呼ばれた国を中国では大宛《たいえん》といっていた〕。大宛の国は、使節を漢の国使に随行して出発させ、漢の国の広く大きいのを見て、大きい鳥の卵、及び犛軒《りけん》という眩人を、漢の国王に献上した。

この文に注釈を付けた唐代の顔師古《がんしこ》（五八一～六四五）は、「眩とは幻と同じ意味で、すなわち、今の刀を呑む技や、火を吐く技のことである」と書いているので、漢代には西域の手品師が中国に来て、刀を呑む技や、吐火の技を行ったことを知ることができるのである。

また、後漢のことを記した『後漢書《ごかんじょ》』(3)（四四〇）にも、次のことがあったと書かれている。

現在のミャンマーの国を当時は撣国《たんこく》といっていたが、その国王の雍由調《ようゆちょう》は、永寧《えいねい》元年（一二〇）に、また使者を中国に遣わし、天子の宮殿に参内してお祝いを述べた。そして音楽をする人、及び手品をする人を献上したが、その手品師はよく火を吐く技を行い、紐を使って自分で縛って解き、牛と馬の頭をとり替えたりした。

ほぼ同様のことが『太平御覧《たいへいぎょらん》』（九八三）にも記されているし、後漢の張衡《ちょうこう》（七八～一三九）が書いた『西京賦《せいけいのふ》』にも吐火のことが記されている。また、明代の陳耀文《ちんようぶん》が著した『天中記《てんちゅうき》』（一五九五）には、「幻術」として『後漢書』を引用し、清代の魏崧《ぎすう》が記録した『壱是紀始《いっしきし》』[4]（一八三四）には、「吐火の戯は漢代から始まっている」とあり、『後漢書』を引用しながら吐火について記載している。したがって、後漢の頃には、このような吐火の技がかなり広く行われていたと想定されるのである。

また、晋の時代に葛洪《かっこう》の著した神仙伝《しんせんでん》[5]（三〇〇頃）の「玉子《ぎょくし》」の物語に、次のようなことがあったと記されている。

玉子は、よく口から気（息）を吐き、その気は五種類の色をしていて、二十メートルにも達した。

この玉子の「よく気（息）を吐き、その気は五種類の色をしていて、云々」とあるのは、吐火の原理を利用したものと推定される（図一）。

この吐火の技は、各地で古くから、行われていた。例えば、三国の魏《ぎ》（二二〇～二六五）の

図一　玉子が五色の気を吐く
（『絵図列仙伝』（1590）による）

魚豢《ぎょかん》が著した『魏略《ぎりゃく》』（〜二一五）、晋の葛洪《かっこう》（二八三〜三四三）が著した『抱朴子《ほうぼくし》』（三一七）、前秦《ぜんしん》（三五一〜三九四）の方士の王嘉《おうか》が著した『拾遺記《しゅういき》』（〜三九四）、北魏《ほくぎ》（三八六〜五三四）の楊衒之《ようげんし》が著した『洛陽伽藍記《らくようがらんき》』（五四七頃）、このほか、隋代（五八一〜六一八）のことを記した『隋書《ずいしょ》』（六三六）、唐の段安節《だんあんせつ》が著した『楽府雑録《がふざつろく》』（九〇〇頃）、元の馬端臨《ばたんりん》（一二五〇〜一三二五頃）が編集した『文献通考《ぶんけんつうこう》』（一三一九）、及び明代の田汝成《でんじょせい》が著した『西湖遊覧志余《せいこゆうらんしょ》』（一五八四）などにも記されているのである。

当時の幻術は、前述の『後漢書』に「牛と馬の頭をとり替えた」とあることから推定するに、その頃の幻人は当然のことながら、かなり手のこんだトリックを使っていたものと考えられる。当時行った方法は、竹筒の中に硝石を含有する牛糞や狼糞、すなわち動物の糞とともに、動植物性油脂などを混合して入れ、あるいは粗製の石油を用い、これに点火することにより、火焔が一方に吹き出すことを利用して「口から火を吐く」ように見せかけたと想定されるのである〔インドの農村地方では牛の糞を円盤状に固めて家の横に積みあげ乾燥させ、これを燃料としている。牛糞などは乾燥状態で放置しておくと、糞中に硝石（KNO_3）が生成するので極めてよく燃えることは古くから経験的に広く知られている」。

一方、中国以外の国においては、このような火戯が、いつ、どこで、どのように行われていたか明らかでない。インドでは六世紀頃に書かれたといわれるダンディン（Daṇḍin）の著した『ダサクマラチャリタ』（Daśakumāracarita）『十王子物語』にはヨガバラティカ（yogavartika）と称する魔法の杖（magic wick）、ヨガチュルナ（yogachurna）と称する魔法の粉（magic powder）などが記されている。ライ（Ray）博士等は、これらは硝石を用いたものと推定しているが、これらの火戯はインドなどの国ではかなり古くから行われ、中国へは吐火として伝わったものと考えられるのである。

図二　日本の猿楽における吐火
（『信西古楽図』（1590頃）による）

また後世の日本でも、このような吐火は猿楽《さるがく》などにおいて行われていた。例えば、『信西古楽図《しんぜいこがくず》』（図二）にもみられるところであるが、浜一衛氏の著した『日本芸能の源流』によれば、現代では「銅製のパイプに灰と火のついた線香を入れておき、これを吹くことにより火を吹き出す」と述べているのである。

この吐火の技は、宋代では噴火ともいわれていた。これらの手品師が行った吐火は、娯楽が少なかった古代にあっては、大変もてはやされたものとみえる。この火戯は後世になって、竹を燃やす爆竹から、火薬を用いる爆竹、爆杖、煙火（烟火、花火）を行う動機ともなったと推測される。この吐火の技が爆竹の発展の原動力ともなり、極めて重要な役割を果していたと推定されうるのである。

では、これらの技が隋代にはどのような火戯や爆竹に進歩したのであろうか。次にこれについて述べる。

注

（1）司馬遷『史記』巻百二十三、B. C. 九一頃

国善眩（〔その〕国、眩（幻術）を善くす）。

応劭曰、眩相詐惑（応劭曰く「眩は、相詐惑するなり」と）。

（2）班固『漢書』巻六十一、A. D. 八二頃

大宛諸国、発使随漢使来、観漢広大、以大鳥卵及犛軒眩人、献於漢。

大宛（シル川の中流にあったといわれる）の諸国は、使を発し漢使に随ひて来り、漢の広大なるを観て、大鳥卵および犛軒の眩人を以て、漢に献ず。

顔師古曰、眩読与幻同、即今呑刀吐火。

顔師古曰く、「眩は読んで幻と同じ、即ち今の呑刀、吐火なり」と。

（3）范曄『後漢書』巻八十六、四三二頃

永寧元年、撣国王雍由調、復遣使者、詣闕朝賀。献楽及幻人、能変化吐火、自支解、易牛馬頭。

永寧元年（一二〇）、撣国（ミャンマーの国とも云われる）王の雍由調は、復た使者を遣はし、闕に詣り（天子の宮殿にいたり）、朝賀（参内して賀を奉る）せしむ。楽および幻人（手品師）を献じ、変化を能くして火を吐き、自ら支解し（両手両足をつけ根から切り離し）、牛馬の頭を易（か）ふ。

（4）魏崧『壱是紀始』巻十七、一八三四

吐火戯始於漢（吐火の戯は漢より始まる）。

（5）葛洪『神仙伝』巻八、三〇〇頃

「玉子」

又能吐気、五色起数丈（また能く気を吐き、五色にして数丈を起す）。

文献

（1）曽公亮『武経総要』前集巻十二、一〇四四
（2）李昉『太平御覧』巻二十九、九八三
（3）張衡『西京賦』～一三九
（4）陳耀文『天中記』巻四、一五九五
（5）魚豢『魏略』巻二十二、～二一五（張鵬一輯『魏略輯本』、一九二四による）
（6）葛洪『抱朴子』内編巻三、三一七
（7）王嘉『拾遺記』巻四、～三九四（粛綺補綴『拾遺記』～五五七による）
（8）楊衒之『洛陽伽藍記』巻一、五五〇頃
（9）魏徴『隋書』巻十五、六三六
（10）段安節『楽府雑録』九〇〇頃
（11）馬端臨『文献通考』巻百四十七、一三一九
（12）田汝成『西湖遊覧志余』巻二十、一五八四
（13）Daṇḍin: dasākumāracarita, ca. 500～600.
（Kāle, R. M.: Dasākumāracarita of Daṇḍin, Motilal Banarsidass, Delhi, 1966）
（ダンディン著、田中於菟弥訳『十王子物語』、平凡社（東洋文庫）、一九六一）

（14）Ray. P. C.: History of Hindu Chemistry, vol. 1, 100, Williams & Norgate, (Lond.), 1902.
（15）Ray. A. P. C.: History of Chemistry in Ancient & Medieval India. Indian Chem. Soc., (Calcutta). 1956.
（16）正宗敦夫編『信西古楽図』、日本古典全集、第2期、日本古典全集刊行会、一九二七
（17）浜一衛『日本芸能の源流』散楽考、角川書店、一九六八

三　隋代の火戯と爆竹

隋代には、どんな火戯や爆竹があったのであろうか。

隋の煬帝《ようだい》（五六九～六一八）については、『隋書《ずいしょ》』などに詳しく書かれており、当時の模様は、石田幹之助博士が著した『長安の春』によっても知ることができる。

この当時、すでに多くの西域人が中国に渡来しており、前述の口から火を吐く「吐火」などが行われ、また、元日の夜に樹に提灯をかけた灯樹を鑑賞する「元宵観灯《げんしょうかんとう》」などの火戯の行事が隋の都、長安、すなわち現在の陝西省の西安市で盛んに行われていたのである。

いま、『全隋詩《ぜんずいし》』(1)に収録されている煬帝の「正月十五日の夜、大通りに灯を立てて、夜に南楼《なんろう》に登る」と題する詩の中に「灯の樹はまばゆいばかりに輝き、提灯をかけた多くの木々の枝に花が開いている」とあり、前述の『長安の春』にも記されている。この灯樹は、提灯などを樹にかけたものであり、次に述べる煬帝の行った除夜の行事の様子を記したものである。

煬帝の皇后であって、後には唐の太宗《たいそう》にも仕えた蕭后《しょうこう》の語ったことが『紀聞《きぶん》』という書に記されていたが、この書物は散逸して現存しない。しかし、『太平広記《たいへいこうき》』(2)（九七八）にはこれからの引用として、次のように話したと記されている。

煬帝は国を治めること十年余りでありましたが、私は常に煬帝に侍従していて、その奢侈な様子を見てきました。煬帝は除夜になると宮殿を飾りつくし、宮殿内の宮女などはみな盛装して、その衣服は金色をおびた緑色で光り輝いていました。夜暗くなると、宮廷の全ての庭には、香木《こうぼく》の沈香《ちんこう》を山のように積みあげて、火をつけた火の山を数十ヶ所に設けました。一つの火の山には、車で数車分の香木を焚き、もし、この香木の火の光りが暗ければ、甲煎《こうせん》という香油を注いだために、焔は二、三十メートルにも達し、二、三十キロメートル先までその香りがただよっていました。

一夜にして香木の沈香を車で二百台分あまり、甲煎は四百立方メートルほどを使いました。また宮殿の室内には、膏油《こうゆ》を燃やす明りをつけず、大きな宝珠を百二十個もつるして室内を照らし、その光は白昼のような明るさで、また、暗夜にも光を発する宝珠の、明月宝《めいげつほう》や夜《や》光珠《こうしゅ》というものもありました。その大きいものは、直径が二十センチもあり、小さいものでも十センチ、一つの珠の価格は数千万両もしたほどです。

すなわち、煬帝は宮庭に香木の沈香を積みあげて、これに火をつけ、更に香油の甲煎をかけて、これを観賞し、室内には明月宝や夜光珠などの宝珠をつるして照明としたのである。この火戯は火薬を使用したことは記されていないから、火薬を使った火戯の有無については伺い知ることができないのである。

ここに記された煬帝の火戯については、宋代の欧陽修《おうようしゅう》（一〇〇七〜一〇七二）が著した『欧陽文忠公集《ぶんちゅうこうしゅう》』(3)（〜一〇七二）には「除夜に偶然できたので、学士三丈《さんじょう》（人名）に進呈する」と題する詩の中に、「隋の宮殿の除夜は、沈香を燃やしている」と記され、宋代の孔平仲《こうへいちゅう》が著した『続世説《ぞくせいせつ》』（一一五七）にも、「奢侈《しゃし》」と題して煬帝の火戯のことが書かれている。更に宋代の陳《ちん》元靚《げんせい》（一二〇〇頃〜一二六六）の著した『歳事広記《さいじこうき》』（〜一二六六）にも、「宝珠を懸《か》ける」と題して『続世説』を引用して煬帝の火戯のことが記されている。明代の陳耀文《ちんようぶん》が記録した『天中記《てんちゅうき》』（一五九五）にも「火山を設ける」として、『続世説』を引用し、同様のことが述べられている。

また一方、このときの有様を元代の画家、任月山《じんげつざん》の描いた「煬帝夜遊図《ようだいやゆうず》」に見ることができる（図三）（この本の表題の次の頁にあります）。それには前に述べた観灯などの行事が描かれており、これには火薬を用いた様子は伺えず、単に蝋燭を点火した提灯などを木にかけたものである。

それでは隋代にはどのような爆竹や爆仗があったのであろうか。

前述のように、隋代に普及していた歳時記には、『荊楚歳時記《けいそさいじき》』及び『玉燭宝典《ぎょくしょくほうてん》』がある。ここに記された爆竹は、竹を燃やす爆竹であって、当時はそれが行われていたことを知ることができるのである。

明代に書かれた『事物紺珠《じぶつかんじゅ》』(4)（一五八五）には、「爆竹は歳の暮に山𤢖《さんそう》を驚かすものだ」とあり、「火器の類は、煬帝から始まっている。火薬で雑戯をつくっていた」とあるし、「火を発する爆仗は、魏《ぎ》の馬鈞《ばきん》の作である」とある〔馬鈞は三国、魏《ぎ》の博士、明帝《めいてい》（二二七～二三九）の頃に活躍した人と伝えられている〕。

同じく明代の羅頎《らき》の著した『物原《ぶつげん》』(5)（一六〇〇頃）には、「軒轅《けんえん》は砲を作っていた。呂望《りょぼう》は銃を作っていた。魏の馬鈞は爆仗を作っていた。隋の煬帝は火薬の雑戯をしていた。几蘧《ききょ》は砲石を作っていた」とある。ほぼ同様のことが、明代、董斯張《とうしちょう》の書いた『広博物志《こうはくぶつし》』(6)（一六〇七）に「几蘧は砲を作っていた」とある〔「軒轅」とは黄帝《こうてい》の別名であって、中国の伝説上の帝王である。黄帝はB. C. 四六〇〇年頃、あるいはB. C. 二六〇〇年頃に生存していたと伝えられる。呂望は大公望呂尚《たいこうぼうりょしょう》のことで、B. C. 一一〇〇年頃の人である。几蘧は古の帝王のことである。ここに記されているように、『物原』の記述をそのまま適用すれば、軒轅、すなわち黄帝の時代には、すでに近代的な大砲があったことになる。『物原』を読んでみればその内容からすぐ気付くことであるが、殆ど全ての物は「軒轅」の発明によることが記されている。したがって、これを引用した、以下に述べる『格致鏡原』や『事物原会』なども当然のことながら誤りと考えられる〕。

後世、清代の辞書ともいうべき『格致鏡原《かくちきょうげん》』（一七〇八）や『事物原会《じぶつげんかい》』（一七九六）なども『物原』をそのまま引用している。これらの記述は何を根拠としたものであるか明らかでないが、羅頎が『物原』を、董斯張が『広博物志』を書いた頃には、明代の兵書『神器譜《しんきふ》』（一五九八）がある。これには「軒轅銃《けんえんじゅう》」の記載があるので、羅頎および董斯張はこれをみて「軒轅は砲を作

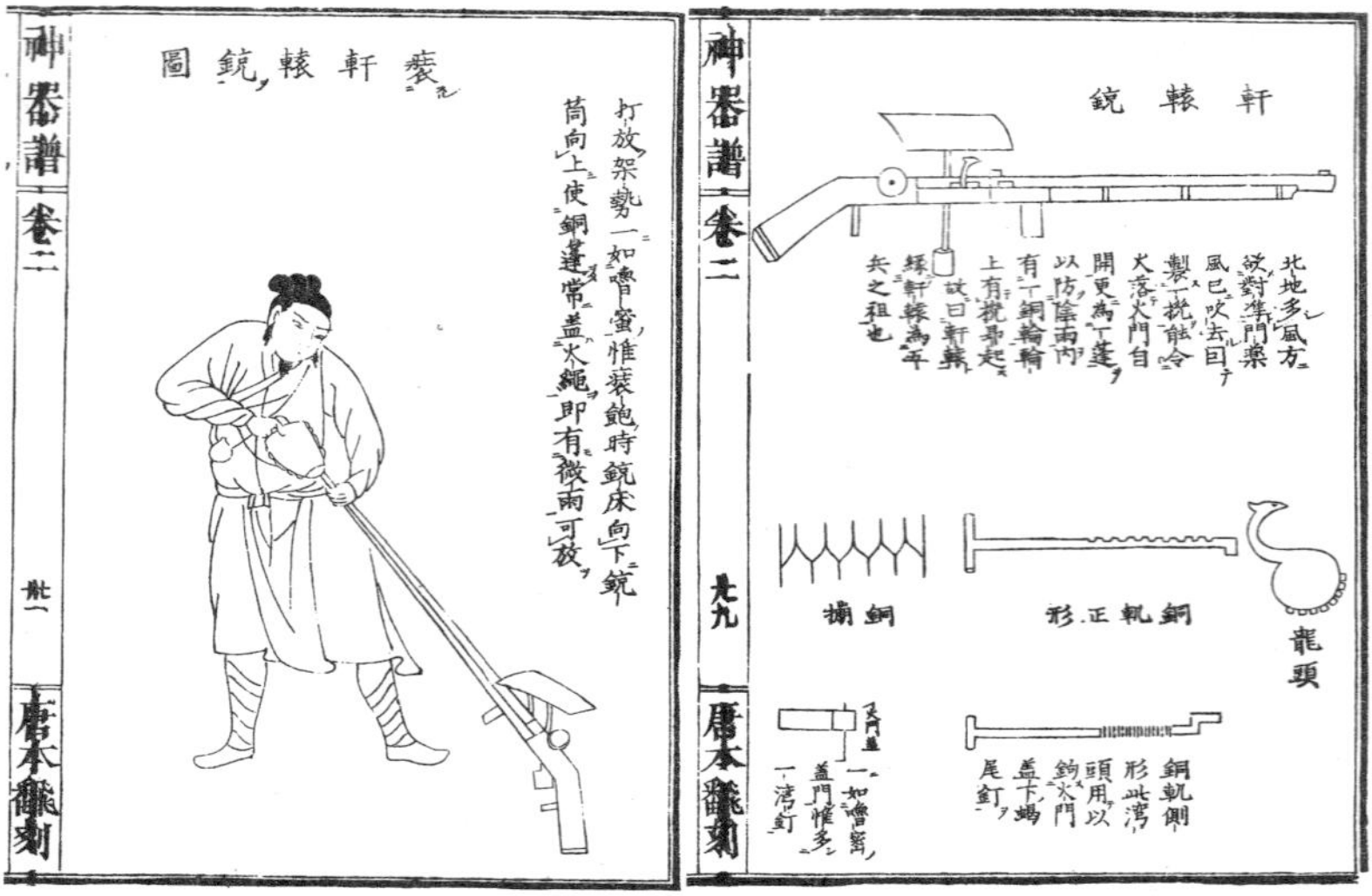

図四　軒轅銃（『神器譜』（1595）による）

り」と記したものと推定することができる（図四）。この軒轅銃は火縄銃に類する銃であり、軒轅の時代には、このような銃はなく、明代につくられた銃に、軒轅の名をつけたことは明らかである。このような理由から、『事物紺珠』、『物原』、『広博物志』の著者などが、「煬帝は火薬を使っていた」と考えていたものと推定されうるのである。

更に清代、顧禄《ころく》の著した『清嘉録《せいかろく》』[7]（一八三〇）には、「元旦に門を開くときに用いる爆仗」と題して「考えてみると、唐〔唐は宋の誤り〕の高承の『事物紀原』に、馬鈞は初めて爆仗を作った」と述べているが、しかしながら、これも不正確な記述であるといえよう。

これら明代以降に書かれた『事物紺珠』、

『物原』、『広博物志』、『格致鏡原』、『事物原会』の記述からすると、隋代には火薬があったとする論著があるが、これらの記述はかなり後世のものであり、これらは誤りと考えられるのである。すなわち、『事物紺珠』の「爆竹は歳の暮に山臊を驚かすものである」といった事実を除いては誤りといってよい。また『物原』の記述はとかく不正確であり、当時の史書、兵書、歳時記などにも火薬を用いたとする記録はみられないところから、隋代には火薬を用いた爆竹、爆仗、煙火などはなかったと考えられる。

それでは、このような隋代の火戯や爆竹は、唐代にはどのような進歩と発展を遂げたのであろうか、次にこれについて考えてみよう。

注

（1）『全隋詩』巻一（『全漢三国晋南北朝詩』所収）

「正月十五日、于通衢建灯、夜升南楼」（正月十五日、通衢に灯を建て、夜南楼に升（登）る）と題する詩の中に「灯樹千光照、花焔七枝開」（灯樹、千光照らし、花焔、七枝開く）

（2）李昉『太平広記』巻二百三十六、九七八

「隋煬帝」

又唐貞観初。（中略）后曰、隋主享国十有余年、妾常侍従。見其淫侈、隋主毎当除夜、至及歳夜、

殿前諸院、設火山数十、尽沈香木根也。

毎一山焚沈香数車、火光暗、則以甲煎沃之。焔起数丈、沈香甲煎之香、妾聞数十里。一夜之中、則用沈香二百余乗、甲煎二百石。又殿内房中、不燃膏火。懸大珠一百二十以照之。

光比白日、又有明月宝夜光珠。大者六七寸、小者猶三寸。一珠之価、直数千万。妾観陛下所施、都無此物。殿前所焚、尽是柴木。殿内所燭、皆是膏油。但乍覚烟気薫人。寔未見其華麗。(『紀聞』)

「隋の煬帝」

また唐の貞観の初。(中略)后曰く、「隋主は国を享くること十有余年、妾は常に侍従す。其の淫侈(奢侈に流れる)を見るに、隋主は除夜に当たるごとに、歳夜に及ぶに至り、殿前の諸院に、火山数十を設く。尽(ことごと)く沈香(香木)の木根なり。一山ごとに沈香数車を焚き、火光暗ければ、則ち甲煎(香の名)を以て之に沃ぐ。焔起こること数丈、沈香・甲煎の香、旁(あまね)く数十里に聞ゆ(香りがした)。一夜の中、則ち沈香二百余乗、甲煎二百石を用ふ。また殿内の房中に、膏火を燃やさず。大珠一百二十を懸(か)けて、以て之を照らす。

光、白日に比(ひ)し、また明日宝・夜光珠有り。大なる者は六、七寸、小なる者も猶ほ三寸なり。一珠の価(あたい)、数千万に直(あた)る。妾、陛下の施すところを観るに、都(すべ)て此の物なし。殿前に焚く所は、尽(ことごと)く是れ柴木なり。殿内に燭する所は、皆是れ膏油なり。但（ただ）乍（たちま）ち、烟気の人を薫ずるを覚ゆるのみ。寔（まこと）に未だ其の華麗なるを見ず」と。

（3）欧陽修『欧陽文忠公集』巻五十五（外集巻五）、～一〇七二
「除夜偶成、拝上学士三丈」（除夜偶成、拝して学士三丈（人名）に上（たてまつ）る）と題する詩の中に「隋宮守夜沈香燎、楚俗駆神爆竹声」（隋宮、夜を守る沈香の燎、楚俗、〔悪〕神を駆る爆竹の声）

（4）黄一正『事物紺珠』巻四、一五八五
「爆竹歳暮以驚山臊」（爆竹は歳暮に以て山臊を驚かす）
同書（巻十九）「火器類、始於煬帝。以火薬製雑戯」（火器の類は、煬帝より始まる。火薬を以て雑戯を製す）
同書（巻十九）「起火爆杖、魏馬鈞作」（起火爆杖は、魏の馬鈞の作）

（5）頋羅『物原』兵原第十四、一六〇〇頃
軒轅作砲、呂望作銃、魏馬鈞制爆杖、隋煬帝益以火薬雑戯。几蘧作砲石。

軒轅は砲を作り、呂望は銃を作り、魏の馬鈞は爆杖を制し、隋の煬帝は益（増）すに火薬の雑戯を以てす。几蘧は砲石を作る。

（6）董斯張『広博物志』巻三十二、一六〇七

軒轅作砲、呂望作銃、魏馬鈞製爆杖、隋煬帝益以火薬雑戯。几蘧作砲。

軒轅は砲を作り、呂望は銃を作り、魏の馬鈞は爆杖を製し、隋の煬帝は益（増）すに火薬の雑戯を以てす。几蘧は砲を作る。

（7）顧禄『清嘉録』巻一、「開門爆杖」の項、一八三〇
案唐高承事物紀原云、馬鈞始製爆仗。
案ずるに唐の高承の『事物紀原』に云ふ、「馬鈞始めて爆仗を製す」と。

文献

（1）魏徴『隋書』巻十五、六三六
（2）石田幹之助『長安の春』、平凡社（東洋文庫）、一九六七
（3）孔平仲『続世説』巻九、「汰侈」の項、一一五七
（4）陳元靚『歳時広記』巻四十、「設火山」、「懸宝珠」の項、～一二六六
（5）陳耀文『天中記』巻五、「設火山」の項、一五九五
（6）唐宋元明名画展覧会編『唐宋元明名画大観』、大塚巧芸社、一九二九
（7）唐宋元明清名画展覧会編『唐宋元明清名画大観』、大塚巧芸社、一九三〇
（8）陳元竜『格致鏡原』巻四十二、一七〇八

(9) 汪汲『事物原会』巻三十七、一七九六

(10) 趙士禎輯『神器譜』巻二、一五九八

四　唐代の火戯と爆竹

唐代には、どんな火戯や爆竹が、どのように行われていたのであろうか。

前述の「隋代の火戯と爆竹」の項に記したように、煬帝の皇后であって、また、後には唐の太宗にも仕えた蕭后《しょうこう》の語ったことが、『紀聞』からの引用として『太平広記《たいへいこうき》』(1)（九七八）に記されている。それによると、唐の太宗《たいそう》（在位、六二六〜六四九）は唐の都、長安、すなわち現在の陝西省西安市で次のような観灯の行事を行っていた。

唐の貞観《じょうがん》（六二七〜六四九）の初めに、天下は泰平であった。人々の生活は豊かになり、社会は安定していた。時に除夜であったので、唐の太宗は盛んに宮殿を飾った。照明には灯燭を設け、宮殿内の諸室はすべてに華麗にし、后や宮女などもみな盛装して、その衣服は金色をおびた緑色などで光り輝いていた。庭燎（かがり火）を宮庭につくり、その明るいことは昼のようであった。盛んに歌楽を奏で、太宗は蕭后を引き連れて、一緒に宮庭でのかがり火のもと、歌楽を見られた。

そして、前述の「隋代の火戯と爆竹」に記した煬帝の火戯について述べ、唐の太宗の火戯につき蕭后の話として次のように記録している。

私が陛下の趣向をみると、宮殿の前で焚くかがり火は、たき木だけで、宮殿の室内を照らすには膏油を使っている。ただ、その煙は人を薫し、煙たいけれど、今までこれほど華麗なものを見たことがありません、と。

すなわち、唐の太宗は、たき木を燃やす庭燎を設け、宮殿の中には膏油を用いた灯燭を設けて室内を照らしていた。このいずれの火戯も火薬を使用したことは記されていないから、火薬を使った火戯の有無については伺い知ることができないのである。

唐の蘇味道《そみどう》（六四八～七〇五）のつくった「正月十五日の夜」と題する詩(2)の中に「火樹に銀の花を合す」とあるが、明代、丘濬《きゅうしゅん》（一四二〇～一四九五）の著した『故事成語考《こじせいごこう》』(3)（～一四九五）には、「火樹に銀の花を合すとは、元日の夜の灯火の輝きを指すものである」とある。一方、後世の清の方以智《ほういち》が書いた『物理小識《ぶつりしょうしき》』（一六六四）には「火薬」についての記事(4)があり、その中に「唐に火樹や銀の花があった。私が思うには、すでに火薬を用いたものではなかろうか」とある。この『物理小識』の内容は蘇味道の詩を指したものと推定されるが、この詩の内容は「灯籠をかけた柱に銀の花がむらがる」ことを意味する。この『物理小識』が書かれたのは清代であり、方以智はこの詩によって、唐代には黒色火薬があったと、考えていたのである。

また、唐の孟浩然《もうこうねん》（六八九～七四〇）の「張将《ちょうしょう》（人名）とともに、北京の西北の薊門《けいもん》、すなわち薊丘《けいきゅう》にて灯を見る」と題する詩(5)の中に、「薊門の火樹を見たが、これは『燭竜《しょくりょう》』あるいは『燭陰《しょくいん》』

図五　燭竜の図
（『三才図会』（1590）による）

または『鐘山《しょうざん》の神』（図五）が燃えているのではなかろうか」とある。この火樹もいうなれば蝋燭に点火した提灯〔を竜の形に並べ〕を木にかけた火樹と考えられるのである。当時の火樹は、張説《ちょうえつ》（六六七～七三〇）の「正月十五日夜、天子の面前で吟詠し、足で地を踏みながら、調子をとって歌う詞二首」と題する詞[6]の中で「長安（陝西省西安）の町の中に天下泰平の人々がいる。竜は火樹をくわえて幾重にも重なった灯の焔がある」と詠じている。この火樹も前述の火樹と同様に、提灯を竜の形に並べ、樹に提灯をかけたものと考えてよい。これは前述の孟浩然の「燭竜」と同様のものと考えられるからである。また、「西域から来た提灯は、数多くその影が見える」とあり、前述の観灯の行事が西域から伝来したことを示している。これはまた、ドイツのグリュンヴェーデル（Grünwedel）氏が新疆省吐魯番《とるふあん》附近の高昌《こうしょう》の古城で発見した壁画の絵（図六）なども、これら観灯の行事が西域から中国へ伝わったことを示したものと推定されるのである。

前述の張説の「湖南省岳陽県の岳州《がくしゅう》にて歳を守る[7]」と題する詩の中には「爆竹はよく眠りを驚

かす」とあり、元稹《げんしん》（七七九〜八三一）が丁酉《ていゆう》の歳（八一七）に詠んだ「春生ず」と題する詩[8]には「騎馬をして遊んでいる子供たちは、爆竹を残して」とある。薛能《せつのう》（八一七〜八八〇）の「除夜の作品」と題する詩[9]の中には、「竹が爆《は》ぜる音は、隣近所に響き、調和している」とあるし、来鵠《らいこく》（〜八八一頃）の「早春」と題する詩[10]の中には、「新年の暦はわずか半枚の紙で始まり、我が家の小さい庭には、まだ爆竿の灰がそのまま残っている」とあるように、ここには灰の記載があるので、当然これは竹を燃やす爆竹と考えてよい。また清の翟灝《てきこう》が著した『通俗編《つうぞくへん》』（〜一七八八）には、爆竹[11]について『神異経』と後述の『甕牖間評《おうゆうかんぴょう》』とを引用して、さらに「考えてみると、昔はみな真竹を火の中において、これを焼いたものである。それ故に唐人の詩もまた爆竿と称している」とある。この『通俗編』の内容は来鵠の詩を指したものと推定され、竹を燃やす爆竹であることを述べている。

図六　グリュンヴェーデル氏が高昌の古城で発見した壁画

　唐代の百科辞典ともいうべき徐堅《じょけん》（六五九〜七二九）等が編集した『初学記《しょがくき》』[12]（〜七二九）にも、元日の項に「広い庭に竹爆する」とある。唐代の歳時記として知られる韓鄂《かんがく》が書いた『四時纂要《しいじさんよう》』[13]（〜九〇四）には、「元日は新暦に備える日であるから、庭で爆竹する」とあるが、これは竹を燃やす爆竹と考えられる。同様に韓鄂が著した歳時記『歳華紀麗《さいかきれい》』(14)(〜九〇四)の元日の項に見られる「広い庭で竹爆する」とあるものは『荊楚歳時記』からの引用であって、当時の爆竹は竹を燃やした爆竹であったと知ることができるのである。

したがって、唐代には前述のたき木を積んで、これを燃やす火戯や、あるいは提灯を木にかけ、これを鑑賞する観灯の行事や、また竹を燃やす爆竹を行っていた類のものであって、いまだ、黒色火薬を用いた爆竹は存在しなかったと考えられるのである。

それでは、後世にはこれらの火戯や爆竹がどのように使われるようになったのであろうか。しかしながら、その前に古代から行われてきた竹筒と錬丹術(錬金術)について論ずる。

注

(1) 李昉『太平広記』巻二百三十六、九七八

「隋煬帝」

又唐貞観初、天下又安、百姓富贍、公私少事。時属除夜、太宗盛飾宮掖。明設灯燭、殿内諸房、莫不綺麗。后妃嬪御皆盛衣服、金翠煥爛。設庭燎于階下、其明如昼。盛奏歌楽、乃延蕭后、与同観之。楽闋、帝謂蕭曰、朕施設孰与隋主。蕭后笑而不答。固問之、后曰、彼乃亡国之君、陛下開基之主。

奢倹之事、固不同矣。（中略）妾観陛下所施、都無此物。殿前所焚、尽是柴木。殿内所燭、皆是膏油。但乍覚烟気薫人。寔未見其華麗。（『紀聞』）

「隋の煬帝」

また唐の貞観の初、天下また安んじ、百姓は富贍（財が富み足りる）にして、公私事少なし。時、除夜に属し、太宗盛んに宮掖（宮廷）を飾る。明りには灯燭を設け、殿内の諸房、綺麗ならざるはなし。后妃・嬪御はみな衣服を盛んにし、金翠（金色をおびたみどりいろ）煥爛（光りかがやくさま）たり。庭燎を階下に設け、其の明るきこと昼の如し。盛んに歌楽を奏し、乃ち蕭后を延き、与（とも）に同じく之を観る。楽闋（おわ）りて、帝、蕭に謂ひて曰く、「朕の施設は隋主（煬帝）に孰与（いずれ）ぞ」と。蕭后笑つて答へず。固く之を問へば、后曰く、「彼は乃ち亡国の君、陛下は開基の主なり。奢倹の事、固（もと）より同じからず」と。（中略）妾、陛下の施すところを観るに、都（すべ）て此の物なし。殿前に焚く所は尽（ことごと）く是れ柴木なり。殿内に燭する所は、皆是れ膏油なり。但（ただ）乍（たちま）ち烟気の人を薫ずるを覚ゆるのみ。寔（まこと）に未だ其の華麗なるを見ず」と。

（2）『全唐詩』巻六十五

蘇味道の「正月十五夜」と題する詩の中に「火樹銀花合」（火樹に銀花合す）

（3）兵濬『故事成語考』（『新鐫詳解丘瓊山故事必読成語考』）巻上、～一四九五
火樹銀花合、指元宵灯火之輝煌（火樹に銀花合すとは、元宵灯火の輝煌するを指すなり）。

（4）方以智『物理小識』巻八、「火爆」（火薬）の項、一六六四
唐有火樹銀花。想已用之耶（唐に火樹銀花有り。想ふに已に之れ（火薬）を用ひたるか）。

（5）『全唐詩』巻百六十
孟浩然の「同張将、薊門観灯」（張将と同（とも）に、薊門（薊丘ともいう、北京の西北）にて灯を観る）と題する詩の中に「薊門看火樹、疑是燭竜然」（薊門にて火樹を看る、疑ふらくは、是れ燭竜（燭陰、鐘山の神）の然（燃）ゆるか、と）。

（6）『全唐詩』巻八十九
張説の「十五日夜、御前口号踏歌詞二首」（（正月）十五日の夜、御前（天子の面前）にて口号（文字を書かずに吟詠）せる踏歌（足で地を踏み調子をとって歌う）詞二首）と題する詞の中に、「長安城裏太平人。竜銜火樹千重焔」（長安城裏、太平の人。竜は銜（含）む火樹千重（千灯）の焔）また、「西域灯輪千影合」（西域の灯輪、千影合す）

（7）『全唐詩』巻八十九
張説の「岳州守歳」（岳州（湖南省岳陽県）にて守歳す）と題する詩の中に「爆竹好驚眠」（爆竹は好く眠りを驚かす）

（8）『全唐詩』巻四百十
元稹の「生春」（春を生ず）と題する詩の中に「春生稚戯中、乱騎残爆竹」（春は稚戯の中より生じ、乱騎、爆竹を残す）

（9）『全唐詩』巻五百五十八
薛能の「除夜作」（除夜の作）と題する詩の中に「竹爆和諸隣」（竹爆は諸隣に和す）

（10）『全唐詩』巻六百四十二
来鵠の「早春」と題する詩の中に「新暦才将半紙開、小庭猶聚爆竿灰」（新暦は才（わず）かに半紙を将（もっ）て開かれ、小庭、猶ほ爆竿の灰を聚（集）む）

（11）翟灝『通俗編』巻三十一、俳優、～一七八八
按古皆以真竹著火爆之。故唐人詩亦称爆竿。
按ずるに古はみな真竹を以て火に著（つ）け之を爆す。故に唐人の詩も亦爆竿と称す。

（12）徐堅『初学記』巻四、元日の項、～七二九
竹爆広庭（広庭に竹爆す）。

（13）韓鄂『四時纂要』巻一、元日の項、～九〇四
元日備新暦日、爆竹於庭前（元日は新暦の日に備へ、庭前に爆竹す）。

（14）韓鄂『歳華紀麗』巻一、元日の項、～九〇四

竹爆広庭（広庭に竹爆す）。

文献

（1）Grünwedel, A.: Altbuddhistische Kultstätten in Chinesiche-Turkistan, Bericht über Archäologische Arbeiten von 1906 bis 1907 bei Kuča, Qarašahr und in der Oase Turfan, Georg Reimer., (Berlin), 1912.

（2）原田淑人「新疆発掘壁画に見えたる灯樹の風俗に就いて」、人類学雑誌、二九（一二）（三三二）、四六一、一九一四
（原田淑人「新疆発掘壁画に見えたる灯樹の風俗に就いて」、東亜古文化研究、座右宝刊行会、一九四〇）

五　竹筒と中国古代の錬丹術（錬金術）

高く険しい山と、堤防のない流れの急な河を背景に、河のほとりに庵《いおり》、あるいは四阿《あずまや》があり、そこに老人とおぼしき人が散歩をし、あるいは座っている、といった光景は中国の山水画や、風景画によくみられる画題である。一体、これらの画は何を描いたものであろうか。そこに描かれた老人は何をしているのであろうか。

中国においては紀元前の古い時代から水銀を錬って黄金をつくる「黄白《こうはく》の術」、すなわち錬金術が行われていた。不老長生を求めて錬丹術、さらには仙人になることを夢みて神仙術などが盛んに行われていたが、この神仙術は神遷術《しんせんじゅつ》とも書かれる。人は修業により仙人となり、さらには神となり、昇天することが可能であるといったことを信じ、それを目的としていたと推定されるのである。前述の中国画は往々にしてこのような仙人を描いたものと考えられる。彼らは人里離れた深山幽谷にあって、ときには庵あるいは四阿に、またあるときは洞窟に住み、仙人になる修業をしたといわれる。

ある仙人は五穀、すなわちあらゆる穀物を断つきびしい修業をし、また、ある仙人は様々な器具を用いて神仙薬なるものをつくり、それを服用することにより若返り、あるいは不老、あるい

図七　中国古代の錬丹術（錬金術）
中国古代の化学者の想像図、化学発展簡史編写組編；『化学発展簡史』科学出版社（1980）による

は長生きをして、さらには昇天したとも伝えられる。これら仙人の手段や方法については全く秘密主義で、せいぜい一人か二人の弟子へとその秘法が伝えられたため、その秘伝は漏れなかったともいわれる。

これら中国古代の仙人、すなわち道教の道士達がどのように活躍していたかは、近重《ちかしげ》真《ま》澄《すみ》の著した『東洋錬金術』（一九三〇）、吉田光邦教授の著した「中世の化学（錬丹術）と仙術」（一九六三）、同じく『錬金術』（一九六三）、およびアンリ・マスペロの著した『道教』（一九三〇）などによって知ることができる。具体的には、劉向《りゅうきょう》（B. C. 七九〜B. C. 八）の著した『列仙伝《れっせんでん》』、晋の郭璞《かくはく》（二七六〜三二四）による『山海経《せんがいきょう》』、葛洪《かっこう》（二八三〜三四三頃）の著した『神仙伝《しんせんでん》』（三〇〇頃）、同じく葛洪の著した『抱朴子《ほうぼくし》』（三一七）、道教《どうきょう》の教典の『道蔵《どうぞう》』（〜七五六）、張君房《ちょうくんぼう》の著した『雲笈七籤《うんきゅうしちせん》』（一〇一九）などの古典によっても知ることができる。

例えば、秦の始皇帝（在位、B. C. 二四六〜B. C. 二一〇）は銅と亜鉛の合金、すなわち真鍮、いわゆる当時の金の食器を用いて食事をし、不老長生を願ったと伝えられる。また徐福《じょふく》らを遣わして東の海上にあるという仙境の蓬莱《ほうらい》の国、すなわち日本へ不老長生の仙薬を求めさせた。その徐福《じょふく》（徐市《じょふつ》）、徐明《じょめい》、徐林《じょりん》らは日本へ渡来したまま、そこに住みついてしまったというのである。

一方、古代の道士は、前述のように山奥の洞窟や庵で様々な実験研究を試みていた。仙人が考えた不老長生の仙薬とは、化学的に考えてみると次のようなものであったかと推察される。酸化第一水銀（Hg_2O）なるものは黒褐色であるが、酸化第二水銀（HgO）は製法によっては赤色あるいは黄色を呈する。また、それが硫黄と化合して辰砂《しんしゃ》（HgS）になれば、赤色、黒色を呈する。また、還元して遊離の水銀になれば銀白色となる。人も動物も血液は赤色であるが、出血し放置すれば凝固し、また、死後の血液は次第に黒褐色になる。赤色の辰砂、あるいはこれを加工したものを飲めば血液も赤くなって若返り、あるいは生き返ることができる、と考えていた。また人も老いては髪が白くなるので、この黒褐色の水銀化合物の入った丹薬を服用すれば髪の白いのが黒くなり、ひいては若返り長生きできる、と考えていた。

これらの仙人が行った実験にも、竹筒を用いた実験が数多く行われている。葛洪が行った竹筒を用いた実験は『抱朴子』(三一七)によって具体的に知ることができる。

例えば、次のような「劉元《りゅうげん》の丹法《たんぽう》」(1)が記されている。

この方法は、丹砂《たんさ》を酢の玄水液《げんすいえき》の中に入れておくと、百日たてば紫色になる。これを握っても手が汚れなくなったら、雲母水と混合し、竹の筒中に入れ、漆をかけてこれを井戸の中に投げ入れる。百日経過すると赤色の液体になる。この約二〇〇ｃｃを飲めば百歳まで生き長らえることができ、長期間に飲用すればもっと長く生き続けられる。

すなわち、この方法では丹砂と酢を反応させて酢酸水銀をつくり、これを雲母と混合し、竹の筒の中に長期間放置して赤色に変化したものを飲めば長生きする、というのである。雲母は銀白色であるから、これを加工して色が変化して血液と同じように赤色になったものを飲めば若返る、と考えていたと推測される。

また、次のような「玉柱《ぎょくちゅう》の丹法」(2)も行われていた。

この方法は、華池汞《かちこう》という汞を丹に混合し、炭酸銅と硫黄の粉末で覆い、これを重ねて、竹筒の砂の中に入れ、これを五十日間、水蒸気で蒸す。ここにできたものを百日間服用すれば、玉のような美女や、天の使いの道教の神の六丁《りくてい》や、天神の使いの神女が来て侍るであろう。これらの女性を使って天下の事を知るがよい。

この方法では、汞と仙薬の曽青、硫黄の粉末を竹筒の中に入れ、これを蒸気で蒸すことが行われた。ここにできたものを服用すれば驚くような果報がある、というのである。

このほか、「丹砂水《たんさすい》を作る方法」では、生の竹筒の中に丹砂、硝石などを入れ、土の中に放置することが行われた。「雄黄水《ゆうおうすい》を精製する方法」では生の竹筒の中に雄黄、硝石などを入れ土の中に放置することが行われた。そして、このようにしてできた仙薬を飲めば、仙人となれる、と考えていたのである。これらの実験の他にも、「楽子長《がくしちょう》の丹法」や「小児《しょうじ》の黄金《おうごん》を治め作る方法」などに銅の筒を用いた実験方法が記されているので、これらは竹筒とともに、筒の中に燃焼剤をいれた火器の発展に大きく寄与したと推察される。この葛洪の実験の他にも、唐代の玄宗《げんそう》皇帝（～七五六）以前に書かれていたといわれる『道蔵《どうぞう》』に収録された「黄帝九鼎神丹経訣《こうていきゅうていしんたんけいけつ》」には竹筒を容器として用いた「百蒸九飛をつくる方法」、「丹砂水を作る方法」などが記されている。

これらの実験では、硝石や硫黄を頻繁に使用していた。その実験器具には竹筒、あるいは銅の筒などを屢〻使用していたことが伺われる。これらの方法は前述の「玉子」の「吐火」などと相まって進歩改良してつくられたものと考えられ、燃焼剤、あるいは焼夷剤の発展とともに、いろいろな新しい器具を産みだす原動力となった。例えば竹筒に燃焼剤をいれた後述の「火筒《かとう》」などは、これらの実験方法と相関関係にあるし、あるいはまた、これらの実験を改良してできたものでもある。

古代の仙人が硝石、硫黄などを使用していた理由は、硝石、硫黄は常温においては石のように硬いが、加熱により分解あるいは昇華し、その大部分が消失するので、これらを加工したものを服用することにより、身体が軽くなり、空中を飛行できる能力のある仙人になれると考えていたのである。

このような実験をしている具体的な様子は、唐代に李復言《りふくげん》が書いた『続玄怪録《ぞくげんかいろく》』（八五〇頃）の「杜子春《とししゅん》」の物語にあるといわれるが、この記録は現存しない。ただ、『太平広記《たいへいこうき》』に『続玄怪録』を引用した「杜子春」の物語があり、これによって知ることができる。それには次のようなことがあったとある。

杜子春は三度目に道士の老人に出会った後、大金をもらい、その金で孤児、寡婦のための施設をつくり、老人と華山に登る。老人は杜子春を雲台峰の仙居（仙人の家）に案内した。老人は夕暮時に「何事があっても決して口をきくではないぞ」といって出て行った。そこで極めて恐ろしい場面がおこる。最後に杜子春は「あっ」と叫んでしまった。その声が終らぬ中に場面は一変した。杜子春はもとの場所に端座し、老人もすぐ前に居た。

夜が次第に明けていく頃に、紫の焔が屋根をつきぬけてほとばしり、たちまち火は拡がり仙居は焔に包まれた。そこで老人は杜子春の髪をつかみ、水甕に投げ込んだ。やがて火も消えた。老人は向き直って「おまえは喜、怒、懼《おそれ》、悪《にくしみ》、欲の感情は忘れきっていたのに、愛だけは断ちきれなかった。あんな声を出さなければ、わしの丹薬も錬り上っていたのに」。そういって老人は帰りの道を示した。杜子春は帰って来たのち、もう一度雲台峰に登り、仙居を探したが、それらしい影もなく、しょんぼりと引き返した。

つまり、芥川竜之介の書いた「杜子春」の物語は『太平広記』の「杜子春」の物語を書き換えたものである。すなわち、芥川竜之介の「杜子春」は三度目に老人に出会ったのち、竹に乗って飛行し、極めて恐ろしい場面に遭遇する。そして泰山の麓の一軒家をもらう約束をして別れる。

馮家昇《ふうかしょう》は『火薬の発明と西伝』（『火薬的発明和西伝』）の中で『太平広記』に記された「杜子春」の物語のような状況で黒色火薬はつくられた、としている。しかしながら、これら仙人の行った硝石、硫黄などの加工技術は火薬へとすぐには応用されなかった。その理由は、中国最古の軍事火器の記載のある『武経総要』（一〇四四）には火毬用火薬が記されているが、これには木炭は殆ど用いられていない。毒薬煙毬に「火薬」として記されている燃焼剤には極めてわずかな木炭が用いられているにすぎない。これらの「火薬」として記された燃焼剤は、木炭の代りに多くの植物油が使用されている。この事実は、初期の火薬として記された燃焼剤は硝石、硫黄、植物油がそれぞれ極めて可能性が高いことを利用し、これらの三者を混合してつくられたことを物語るものである。そして徐々に硝石、硫黄、木炭を用いた火薬へと発展したことを裏付けるものである。それでは唐代の軍事火器の「火筒」とはどんなものであろうか、次にこれについて考えてみよう。

注

（1） 葛洪『抱朴子』内編巻四、三一七

「劉元丹法」

又劉元丹法。以丹砂内玄水液中、百日紫色。握之不汚手、又和以雲母水、内管中。漆之投井中、百日化為赤水。服一合得百歳、久服長生也。

「劉元の丹法」

又劉元の丹法は、丹砂を以て玄水液中に内る。百日にして紫色なり。之を握るも手を汚（けが）さず。又和するに雲母水を以てし、〔竹の〕管中に内る。之に漆して井中に投ずれば、百日にして化して赤水と為る。一合を服せば百歳を得、久しく服せば長生するなり。

（2） 前掲『抱朴子』内編巻四

「玉柱丹法」

又玉柱丹法。以華池汞和丹、以曽青硫黄末覆之、薦之内筩中沙中、蒸之五十日。服之百日、玉女、六甲、六丁神女来侍之。可役使知天下之事也。

「玉柱の丹法」

又玉柱の丹法は、華池汞を以て丹に和し、曽青、硫黄末を以て之を覆ひ、之を薦（すす）めて筩中の沙の中に内れ、之を蒸すこと五十日す。之を服すること百日なれば、玉女・六甲・六丁の神女来りて之に侍らん。役使して天下の事を知るべし。

文献

（1）近重真澄『東洋錬金術』内田老鶴圃、一九三〇
（2）吉田光邦「中世の化学（錬丹術）と仙術」（藪内清『中国中世科学技術史の研究』角川書店、一九六三、所収）、一九六三
（3）吉田光邦『錬金術』、中央公論社（中公新書）、一九六三
（4）アンリ・マスペロ、川勝義雄訳『道教』、平凡社（東洋文庫）、一九六三
（5）劉向『列仙伝』、～B. C. 六
（6）郭璞注『山海経』、三九二
（7）葛洪『神仙伝』、三〇〇頃

(8) 葛洪『抱朴子』、三一七
(石島快隆訳『抱朴子』、岩波書店(岩波文庫)、一九四二)
(本田済訳注『抱朴子』、(内編)、平凡社(東洋文庫)、一九九〇)
(9)『道蔵』、~七五六
(10) 張君房『雲笈七籤』、一〇一九
(11) 前掲『抱朴子』、内編巻四
(12) 前掲『抱朴子』、内編巻十六
(13) 前掲『抱朴子』、内編巻十六
(14) 前掲『抱朴子』、内編巻十六
(15)『道蔵』洞神部、衆術類、「黄帝九鼎神丹経訣」巻十五、第一
(16) 前掲「黄帝九鼎神丹経訣」
(17) 李昉『太平広記』巻十六、「神仙十六」、「杜子春」の項、九七八
(18) 馮家昇『火薬的発明和西伝』華東人民出版社、一九五四

六　火筒——竹筒を用いた唐代の軍事火器

唐の李筌《りせん》が著した『神機制敵太白陰経《しんきせいてきたいはくいんけい》』（七五九）には、烽燧《ほうすい》台に置く防備のための軍事火器、及び、そのほかの兵器について次のように記されている(1)。

烽燧台の建物の四方の壁に孔を開けておき、そこから敵を監視する。火筒《かとう》とともに、旗一本、太鼓一面、弩二組、投石機の石片、とりでにする材木の塁木《るいぼく》、水瓶《みずがめ》、乾燥した食糧、生の野菜や果物、火をよく燃やすための麻屑、火を起こす道具の火鑽《かさん》、火箭、火をよく燃やすための藁や艾《よもぎ》、狼糞、牛糞を置いておく。

ほぼ同様のことが『通典《つてん》』（八〇一）、『太平御覧《たいへいぎょらん》』（九八三）、『虎鈐経《こけんけい》』（〜一〇〇五）、『武経総要《ぶけいそうよう》』（一〇四四）、『武備志《ぶびし》』（一六二一）などにも、記されている。

通常、「火筒」とは「火吹き竹」を指すが、ここに記された「火筒」は、烽燧台の防備のために用いられたもので、すなわち弩、投石用の石片の砲石、火箭などとともに備えられたものを意味する。「火吹き竹」の「火筒」は、焚き火や竈の火を起こすために直径二、三センチ、長さ五、六十センチの竹筒の節を抜いておき、口から呼気とともに勢いよく強い風を送り、火勢を強めるために使うものである。

この兵器の「火筒」の構造は、竹筒の一方に節を残しておき、この中に狼糞や牛糞とともに動植物油、あるいは石油を入れて点火し、火焔を敵に向け、敵兵の侵入を防ぐために用いられたものと見受けられる。中国などの乾燥地方では、これら狼糞・牛糞、すなわち動物の糞は長期間放置しておくと、糞の中に硝石（KNO_3）が生成するので、極めて可燃性であることが古くから経験的によく知られている。

火筒がどのような動機からつくられたものか明らかではないが、吐火の方法、あるいは葛洪の竹筒を用いた実験などを組み合わせて考案製作し、実用化されたと推定される。四川省の蜀《しょく》の地方では古く唐代以前から竹筒に石油を入れ、これを夜間の照明に用いることが広く行われていた(2)。これを使用するとき、ほかの可燃性物質に引火するとか、あるいはその火炎が誤って人に向けられ、火傷を負うなどの事故があったことから、考案されたものと推測される。あるいは後述の敦煌にあった火槍の構造の知識が伝わりつくられたとも考えられる。この火筒は、武器とはいえ、燃焼剤を入れ、火筒の筒口を塞ぎ、導火線などで点火すれば、爆発的に燃焼するので、後世の竹筒の中に火薬をいれた爆竹のルーツになったと考えられる。

この方法は、唐代以後、竹筒の中に燃焼剤を入れた火器を生みだし、しばしば利用されている。例えば、李希烈《りきれつ》（～七八六）を攻撃した賊軍の妖人（七八三）は火筒に類する兵器を使用していた。また、呉越の国の武粛王《ぶしゅくおう》（銭鏐《せんりゅう》）は、鉄筒の中に石油をつめた火器を開発し、これを用いて淮人と江蘇省南通県の狼山江で戦い大勝している（九一九）。ただ、この唐代の火筒はその威力は疑わしく、宋代、金代には火槍へと発展し、さらに元代の末期、明代の初期には金属製の火筒、すなわち青銅製の筒の中へ火薬と発射物をいれる火銃へと発展した。そして後世に、再び火筒の名称が使われるようになった。『行軍須知《こうぐんしゅち》』（一四三九）、『武備志《ぶびし》』（一六二一）などにも火筒の記載があるが、この火筒は金属製の筒の中に火薬を入れたものである。

このほかの唐代の軍事火器としては、宰相《さいしょう》、武元衡《ぶげんこう》（七五八～八一五）の「西域に出陣する」と題する詩に、火礮《かほう》（火砲）の記載がある（～八一五）。当時の火礮は、葦草などの可燃性物質を束ねて点火し、これを敵陣中に投げるものと推定される。当時、予章《よしょう》（江西省南昌市）の戦いで、鄭璠《ていはん》は「発機《はつき》、飛火《ひか》」なる兵器を用いた（九〇四）。この火器も前述の火砲とほぼ同様のものと考えられる。また、南唐の朱令贇《しゅれいいん》は、巨船に葦草をつめて膏油をそそぎ、これを火油機と称し、これに点火して敵船に放ったが、風向きが変わり味方の軍船に火災を起こし大敗した（九七五）。これらの事実から推測すると、当時はまだ黒色火薬は存在しなかったと考えられるのである。

それでは、宋代前期には竹を燃やす爆竹が広く行われていたので、次はこれについて探ってみよう。

注

（1）李筌『神機制敵太白陰経』巻五、「烽燧台篇」、第四十六、七五九
四壁開孔望賊。及安置火筒、置旗一面、鼓一面、弩両張、砲石、塁木、停水瓮、乾糧、生糧、麻縕、火鑽、火箭、藁艾、狼糞、牛糞。

四壁に孔を開けて賊を望む。火筒を安置するに及んで、旗一面、鼓一面、弩両張、砲石、塁木、停水瓮、乾糧、生糧、麻縕（火をつけるための麻くず）、火鑽、火箭、藁艾（よもぎ）、狼糞、牛糞を置く。

（2）李吉甫『元和郡県図志』巻三十一、八一三
火井広五尺、深三丈、在臨邛県南一百里。以家火投之、有声如雷。以竹筒盛之、持行終日不滅。

火井は広さ五尺、深さ三丈、臨邛県（四川省邛崍県）の南一百里に在り。家火を以て之に投ずれば、声有り雷の如し。竹筒を以て之を盛り、持ちて行くに終日滅せず。

文献

（1）杜佑『通典』巻百五十二、八〇一
（2）李昉『太平御覧』巻三百三十五、九八三
（3）許洞『虎鈐経』巻六、～一〇〇五
（4）曾公亮『武経総要』前集巻五、「烽火」の項、一〇四四

(5) 茅元儀『武備志』巻九十七、一六二一
(6) 何宇度『益部談資』巻上、一七七八
(7) 欧陽修『新唐書』巻二百二十五、一〇六〇
(8) 范坰、林禹『呉越備史』巻二、七九二
(9)『全唐詩』巻三百十六
(10) 路振『九国志』巻二、一〇一四
(11) 馬令『南唐書』巻十七、一一〇五

七　宋代前期の爆竹

宋代前期には、どんな爆竹が、どのように用いられたのであろうか。

宋代の百科事典ともいわれる、李昉《りほう》（九二五～九九六）等が編集した『太平御覧《たいへいぎょらん》』[1]（九八三）には、爆竹について、まず、前述の『易緯通卦験《えきいつうかけん》』、及び『荊楚歳時記《けいそさいじき》』を引用し、「山魈《さんしょう》（山臊《さんそう》）を考えてみると」として『神異経』を引用し、「俗に、爆竹と草を燃やすことは庭燎から起こる」とある。また、「正月一日は三元の日なり」として、前述の『周書緯通卦』を引用し「まず庭で爆竹し」とあり、さらに前述の『風俗通』、『神異経』を引用している。これを見ると、当時は、まだ竹を燃やす爆竹を元日の朝に行っていたことが伺われる（この『太平御覧』に記された内容は、正確に系統だって記されたものではなく、当時の原典をアト　ランダムに記録したものである）。

竹を燃やす爆竹と同じ様に、大音響を発する目的でつくられた軍事火器に霹靂《へきれき》火毬《かきゅう》がある。これは当時、曽公亮《そうこうりょう》（九九九～一〇七八）が編集した『武経総要《ぶけいそうよう》』[2]（一〇四四）に記されている。これには中国最古の「火薬」と記された燃焼剤を用いた兵器の記載がある。この燃焼剤を使った武器については、近年、有馬成甫博士の著した『火砲の起源とその伝流』（一九六二）に詳しく紹介されている。これらの火器には煙毬《えんきゅう》、毒薬煙毬、鞭箭《べんせん》、火薬鞭箭《べんせん》、引《いん》火毬《かきゅう》、蒺藜《しつり》（蒺蔾《しつれい》）火毬、

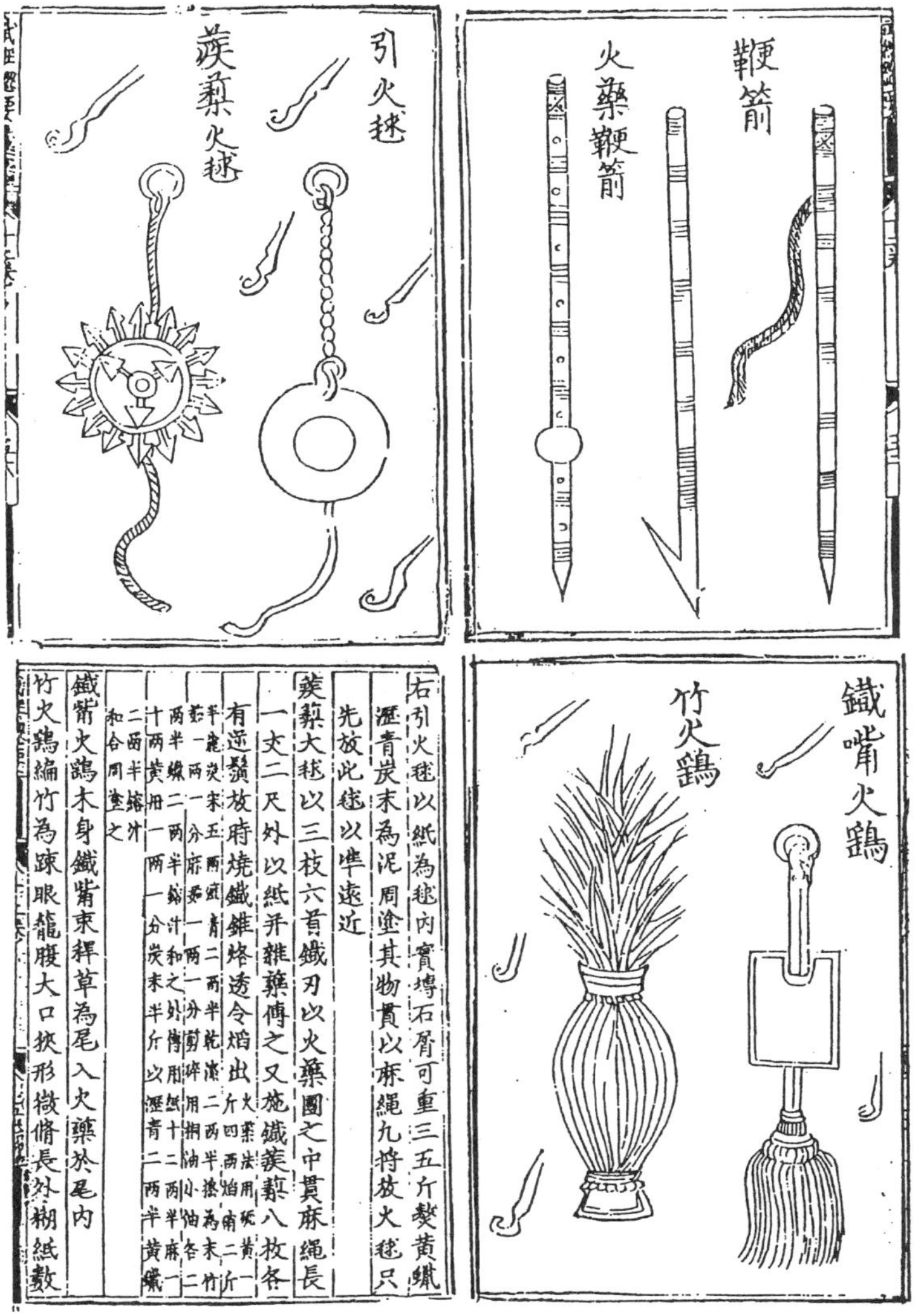

右引火毬以紙為毬內實塼石屑可重三五斤熬黃蠟
瀝青炭末為泥周塗其物貫以麻繩凡將放火毬只
先放此毬以準遠近

蒺藜火毬以三枝六首鐵刃以火藥團之中貫麻繩長
一丈二尺外以紙并雜藥傅之又施鐵蒺藜八枚各
有逆鬚放時燒鐵錐烙透令焰出火藥法用硫黃一斤四兩焰硝二斤半麄炭末五兩瀝青二兩半乾漆二兩半搗為末竹茹一兩一分麻茹一兩一分剪碎用桐油小油各二兩半蠟二兩半鎔汁和之外傅用紙十二兩半麻一十兩黃丹一兩一分炭末半斤以瀝青二兩半黃蠟二兩半鎔汁和合周塗之

鐵嘴火鷂木身鐵嘴束稈草為尾入火藥於尾內

竹火鷂編竹為疎眼籠腹大口狹形微脩長外糊紙數

図十　鞭箭、火薬鞭箭、引火毬、蒺藜火毬、鉄觜火鷂、竹火鷂など（『武経総要』（1044）による）

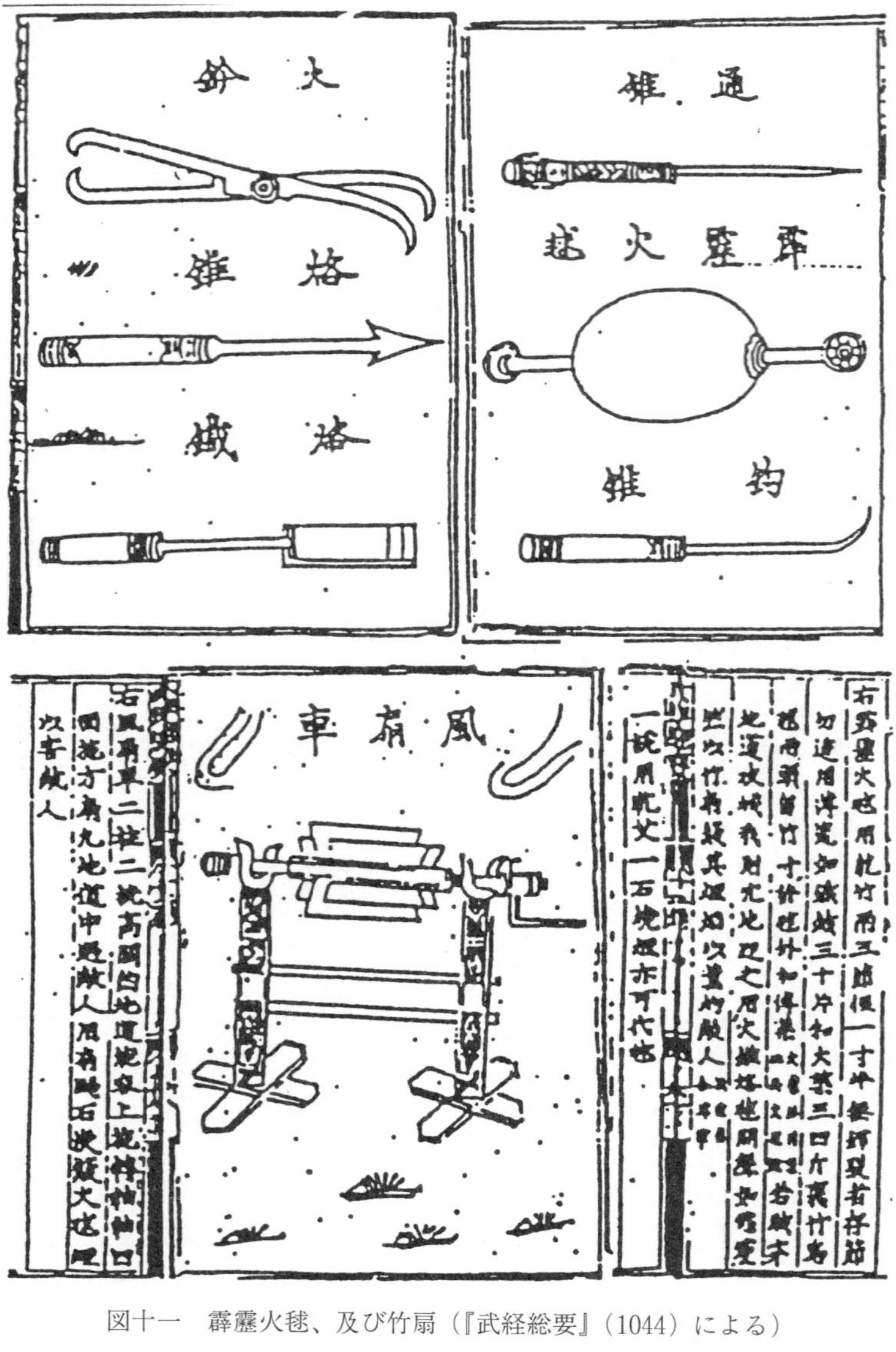

図十一　霹靂火毬、及び竹扇（『武経総要』（1044）による）

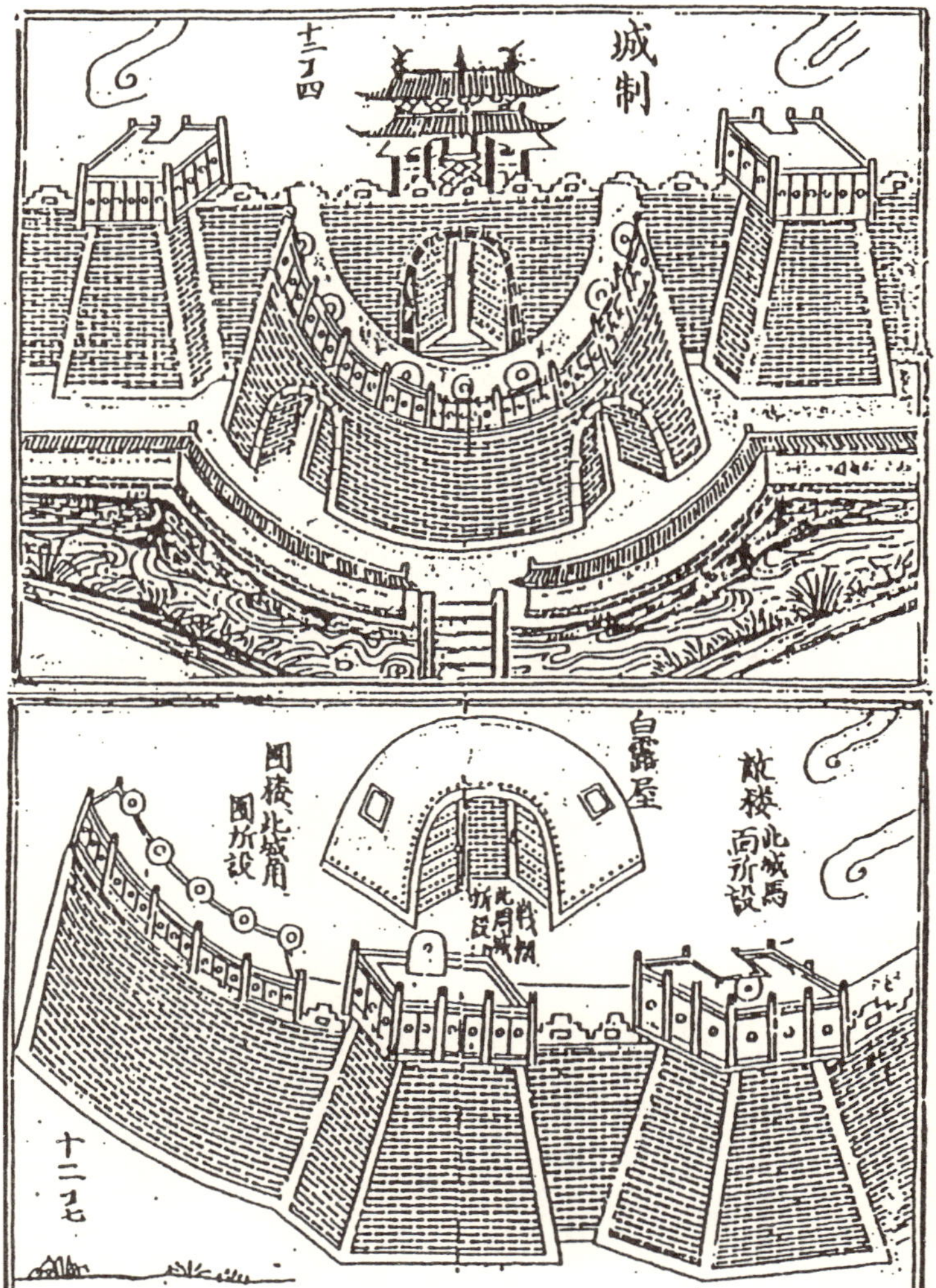

図十二　中国の城（『武経総要』（1044）による）

鉄䈴《てつし》火鷂《かよう》、竹火鷂《ちくかよう》、霹靂火毬、火箭などがある（図十）。これらのうち、竹筒を用いたものに霹靂火毬があり、次のように記されている（図十一）。

霹靂火毬

これは、乾いた竹の直径四、五センチの三節分の、亀裂のないものを用い、節は残しておいて取ってはならない。薄い瓦の破片の鉄銭のようなもの三十個を用い、燃焼剤の二、三キロに混ぜ、竹を包んで毬をつくる。竹の両端は四、五センチを残し、毬の外に燃焼剤を塗りつける。そして麻紐などで、その外側を包む〔以上で火毬ができたことを述べている〕。

もし、敵が町の城壁の下をトンネルを掘って攻めて来たならば、我が軍は地に穴を掘って、敵を迎え撃つ。その時、火毬に赤熱した焼け火箸の火錐で点火する。その爆発音は雷鳴のようである。そこで竹製の大きな扇（図十二）で、その煙と焔をあおいで、敵兵を薫灼《くんしゃく》する。

一説に「乾いた艾《もぐさ》二立方メートルを用い、その焼いた煙で毬に代用することができる」と。

霹靂火毬はここに記されているように、敵が城壁の下にトンネルを掘って城、すなわち町の中へ攻めてきたとき、この敵を迎え撃つ城中では、トンネルの出口で、この火毬を燃やし敵兵を燻すのである〔中国、古代中世の町は城壁で囲まれている（図十二）。敵が攻めて来たときは、城門を閉ざし、町人も農民も城壁で囲まれた城の中で生活するのである。その城壁は数メートルの高さでほぼ垂直である〕。

このほかにも、史書などでは点火した後に素手、あるいは投石機で敵陣中に投げたことを屢ゝみることができる。これは亀裂のない竹の周囲を硝石、硫黄、植物油などを混合した泥状の燃焼剤で包んだもので、この燃焼剤には瓦の破片などが混入してある。霹靂火毬が燃焼すれば、燃焼剤に混入してある瓦の破片が飛び散り、敵兵を殺傷する。また亀裂のない竹を用いているので、これが燃焼すれば生竹が燃焼したときと同様に爆竹音、すなわち霹靂音を起こし、これによって敵兵を驚かすものである。当時の戦いには心理的要素が大きく働いていたので、この爆発音は、敵兵に恐怖心を与える心理作戦として、かなり有効であった。

ただ、ここに「火薬」として記されたものは、硝石、硫黄、植物油が主成分で、木炭は殆ど使われておらず、燃焼剤、あるいは焼夷剤である。仮に『武経総要』に火薬として記された燃焼剤に、爆発性があったならば、霹靂火毬に炭火で赤熱した焼け火箸（火錐）を用いて点火すると、瞬時に爆発を起こし、点火した人自身が死傷することは必然である。この事実からも、霹靂火毬に使用された燃焼剤は、火薬と記されているが爆発性はない。すなわち、これは竹を燃やす爆竹を簡便に使用できるようにした火器である。

漢方薬のルーツともなっている薬草などを記した書は、中国では本草書《ほんぞうしょ》として、古代から伝わっている。それには、竹の効能として、『経史証類大観本草《けいししょうるいたいかんほんぞう》』[3]（一一〇八）、『政和経史証類備用本草《せいわけいししょうるいびようほんぞう》』（一一一七）に、李畋《りでん》（九一七頃〜一〇〇六）の『該聞集《がいぶんしゅう》』（〜一〇〇六）を引用し、次のように記されている。

李畋の『該聞集』にいうには、「爆竹は妖気を退治するものだ。李畋の隣に仲叟《ちゅうそう》という者の家があった。山魈《さんしょう》に祟られたため、瓦や石を投げられ、入口の戸や窓などを開けられた。仲叟は不安でたまらなくなった。仲叟はこの祟りがなくなるように、仏に経文を唱えて祈ったが、山の鬼の妖気はますます祟った。仲叟が隣の李畋に相談したところ、『朝夕に、庭で除夜のときのように、爆竹の数十本を燃やしたらどうであろうか』と。仲叟は李畋の云ったことがもっともだとして、爆竹を一昼夜続けたところ、夜明けになると、山魈の祟りがなくなり静かになった」と。

この記述については、宋代の祝穆《しゅくぼく》が著した『(古今《ここん》)事文類聚《じぶんるいじゅう》』(一二四六)、陳元靚《ちんげんせい》(一二〇〇頃～一二六六)の著した『歳時広記』(～一二六六)、明代の陳耀文《ちんようぶん》が編集した『天中記《てんちゅうき》』(一五九五)、李時珍《りじちん》(一五一八～一五九三)の編集した『本草綱目《ほんぞうこうもく》』(一五九六)、焦竑《しょうこう》(一五四一～一六二〇)の著した『焦氏筆乗《しょうしひつじょう》』(～一六二〇)、清代になって陳元竜《ちんげんりゅう》の編集した博物学の書、『格致鏡原《かくちきょうげん》』(一七〇八)、詩文の語彙を韻によって配列した『佩文韻府《はいぶんいんぷ》』(一七一一)などにも、『該聞集』あるいは『該聞録』として記されている。また『月令広義』(一六〇二)にも『広記』(『歳時広記』と推定される)からの引用として、ほぼ同様のことが述べられている。山魈が戸を開き石を投げたことに対し、これが妖気によって発生し、この恐れと不安を除くのに爆竹を用いて、効果があったと記されている。ここに記されたものは竹を燃やす爆竹で、火薬使用の爆竹は当時できていなかったことを知ることができる。この李畋の『該聞集』は現存しないが、『説郛《せつぷ》』に収録された『李畋該聞録』[4]には原因不明の妖気に対する対策が記されている。

蘇軾《そしょく》（一〇三六～一一〇一）の弟の蘇轍《そてつ》（一〇三九～一一一二）の詩文を集めた『欒城集《らんじょうしゅう》』[5]（～一一一二）には「辛丑《しんちゅう》（一〇六一）の大晦日に、蘇軾に贈る」と題する詩の中で、「楚（湖南省・湖北省）の人々は、年末と年始に、爆竹をバンバンと鳴らす」と記している。これが、どのようなものか明らかでないが、後述のように、この地方においては、竹を燃やす爆竹が行われているので、これもそれであろうと推定される。

前述のように欧陽修《おうようしゅう》（一〇〇七～一〇七二）の著した『欧陽文忠公集』[6]（～一〇七二）には、「除夜にふと思いついてつくり、翰林学士の三丈（人名）に進呈する」と題する詩がある。その中に「隋代の火戯および爆竹」の項で記した煬帝が除夜に行った火戯を述べて、つづいて「楚の風俗として、悪神を駆逐するという爆竹の音がする」とある。更に『歳時広記』にも「火山を設ける」の項に欧陽修の詩が引用されている。この地方の当時は爆竹は、後述の范成大《はんせいだい》（一一二六～一一九三）の『石湖居士《せきここじ》詩集』にみられるように、竹を燃やす爆竹と考えられる。

高承《こうしょう》の著した『事物紀原《じぶつきげん》』[7]（～一〇八五）には、爆竹について次のように記されている。

『歳時記』（『荊楚歳時記』）にいうには、「元日に、竹を庭で爆発させ、山臊を撃退する。山臊は悪い鬼である」と。『神異経』には、「山臊が人を犯すとき、人は病気になる。山臊は爆竹の声を恐れている」と。『荊楚歳時記』の著者の宗懍《そうりん》がいうには、「竹を爆発させ、草を燃やすことは、庭燎から起こる」と。『風俗通』には「庭燎から起こる」とある。

これによって、当時は竹を燃やす爆竹が行われていたことを知ることができる。

王安石《おうあんせき》（一〇二一～一〇八六）の詩文を集めた『王荊文公詩《おうけいぶんこうし》』(8)（～一〇八六）には「元日」と題する詩の中に、「爆竹の音の中で年を越す」とある。この詩の文句は前述の袁文《えんぶん》（一一一九～一一九〇）が著した『甕牖間評《おうゆうかんぴょう》』（～一一九〇）、『(古今) 事文類聚』（一二四六）などにも記されているし、また現代においても中国人の間で愛唱されている。これは後述の『甕牖間評』に『荊楚歳時記』を引用し、竹を燃やす爆竹であることを述べているので、この頃はそれが行われていたと推察される。

蘇軾《そしょく》（一〇三六～一一〇一）の詩文を集めた『東坡《とうば》全集』(9)（～一一〇一）には、湖北省江陵県の地、「荊州《けいしゅう》」と題する詩の中に「爆竹は隣の鬼を驚かすものだ」とある。この詩の内容は『佩文韻府《はいぶんいんぷ》』にも引用されている。この記述からは、竹を燃やす爆竹か、火薬を使用した爆竹か明らかでないが、後述のように、この地方では、この頃は、まだ竹を燃やす爆竹を行っていたと考えられる。

黄庭堅《こうていけん》（一〇四五～一一〇五）の詩文集、『予章黄先生文集《よしょうこう》』(10)（～一一〇五）には、「李公麟《りこうりん》が馬を描くのを観る」と題する詩の中に「詔勅を作成する翰林院《かんりんいん》では、湿った薪の燃えるなかで、爆竹の音がする」とある。これは竹を燃やす爆竹と想定される。

陳与義《ちんよぎ》（一〇九〇～一一三八）の著作集、『簡斎集《かんさいしゅう》』(11)（～一一三八）には「除夜」と題する詩がある。その中に、「町の中の爆竹は夜明けまで続いている」とあるが、これも竹を燃やす爆竹を記したものと考えられる。

荘綽《そうしゃく》（字は季裕《きゆう》）（一〇九〇～一一五〇頃）の著した『鶏肋編《けいろくへん》』(12)（一一三九）からは、除夜の爆竹について次のようなことを知ることができる。

湖南省澧県《れいけん》では、除夜に家ごとに爆竹をする。爆竹が音を立てる度に、町の人や子供達は群がって輪になって集まり、「豊年」と叫ぶ。このようにして元旦になると、お互いにその地方の珍しい品物を贈って、必ず二本の大きい竹を添えるのである。広南の地方では、このとき「万歳」を叫ぶ。

また『五朝紀事《ごちょうきじ》』、『五朝小説《ごちょうしょうせつ》』、『宋人百家小説《そうじんひゃっかしょうせつ》』、『説郛《せっぷ》』などに収められている『鶏肋編』(13)には次のことがあったと記されている。

広南の地方では（中略）大晦日に爆竹をして、軍人も民衆も輪になって集まり、大いに「万歳」を叫ぶ。

ここに記されたものは「除夜に爆竹をして」、また、「大きい竹の二本を添えて」とあることから、竹を燃やす爆竹である。

記されている。

李石《りせき》（一一〇八～一一八一）の著した『続博物志』(14)（一一五〇頃）には、爆竹について次のように

山の悪い鬼の山魈に祟られた人がいた。或る人が教えていうには「爆竹を除夜のようにすれば、山魈の祟りを退散させることができる」と。その理由は『荊楚歳時記』に山魈を退治することができる、とあるからだ。その人はその言葉を聞いて安心した。鬼の陰冷の気が勝っているときは、大きな音で鬼を攻めるのである。また「草を燃やすことと、爆竹は庭燎から起こる」とある。

ここに『荊楚歳時記』を引用し、また「爆竹は庭燎から起こる」とあるので、ここに記された爆竹は竹を燃やす爆竹と断定されるのである。

梁克家《りょうこくか》（一一二六～一一八七）の著した『淳熙三山志《じゅんきさんざんし》』(15)（一一八二）の「大晦日」の項には『荊楚歳時記』を引用し、また前述の「李彤」を引用して述べ、続いて次のことがあったと記されている。

いま、福建省莆田《ほでん》県の人は、除夜に竹を焚火の中に入れて、庭で「焼爆《しょうばく》」し、子供達は街で「焼爆」し、互いに戯れ叫び、夜の明けるまで遊び廻る。この遊びを「焼火爆《しょうかばく》」という。

大臣の張浚《ちょうしゅん》（字は徳遠、一〇九六～一一六四）がまだ地方長官であったとき、除夜に福建省莆田県の鄭樵《ていしょう》が郡に来遊し、ともに「火爆」を観た。張浚は「竿」の字を韻として詩を賦《つ》るこ

とを命じた。樵は直ちに口ずさんで次のように詠った〔鄭樵（一一〇四～一一六二）は字を漁仲といい、後に南宋の大学者になった人〕。

光陰は矢のように飛び、今年はあと僅かしか残っていない。多くの家々では竹を焼き団欒を共にしている。焼けて焔を発しながら、丹砂の塊となり、鋭い音を立てながら、砕け散って、青色の玉のような竿となって燃えている。

ここに「焼爆」および「焼火爆」とあるのは「竹を焚火の中に入れて」とあることから、火の中で竹を燃やす爆竹である。一方、当時の丹砂は硫化水銀を指すが、ここでは火薬を指していると推定される。それゆえ、これは竹を燃やす爆竹と、火薬を用いた爆竹の両方を詠ったものと推定される。

袁文《えんぶん》（一一一九～一一九〇）の著した『甕牖間評《おうゆうかんぴょう》』[16]（～一一九〇）には、爆竹について次のように記されている。

『荊楚歳時記』の著者の宗懍《そうりん》がいうには「元旦に竹を庭で燃やすことは爆竹である」と。王荊公（王安石）の詩には、「爆竹の音の中で、年を越す」とあるが、今では年末の数日間に用いる。

この時期には竹を燃やす爆竹を年末の数日間に用いていた。また、次に述べる范成大の詩にも年末の数日間に用いることが記されている。

范成大《はんせいだい》（一一二六〜一一九三）の詩文集、『石湖居士詩集《せきここじ》』(17)（〜一一九三）には、江蘇省蘇州の呉の地方の爆竹について、次のように記されている。

（一）「癸卯《きぼう》（一一八三）の除夜に、聊復爾斎《りょうふくじさい》という名の書斎で偶然にできた」と題する詩の中に「書斎では勉強していないので、よい文が書けない。爆竹のあとには冷たくなった灰がある」とある。

（二）「丙午《へいご》（一一八六）の新正月に、思うところを記す」と題する詩(18)の中に、「爆竹を行っているので、お堂の階段の前では騒騒しい」とある。

（三）また呉の地方の爆竹について次(19)のように記されている。

爆竹の行事がある。これは他の郡も同じようにしているが、呉の地方では特に盛んである。悪い鬼はこの音を恐れるので、昔は元旦から行っていたが、今では十二月二十五日から行っている。

（四）また「爆竹の行事」と題する詩(20)に、次のようなことがあったと記されている。

元旦の爆竹は昔から伝わっている。われわれ呉の人は、まさに新年の五日前からこれを用いる。食べ残した豆粥はそのままにして、塵を掃くこともやめて、竹の筒を一メートル五十センチに切って、薪で焼く。

竹の節には汗が流れたように火力がしみこむ。たくましい下男はこの竹を持って疾走する。

子供達は一歩さがってこれを見物し、その先端が当たらないようによける。堂に登る階段に当たって、地を撃って爆竹は雷のように吼える。

パンパンと一音二音爆竹が鳴ると百匹の鬼は驚き、三音四音続いて鳴ると鬼の巣は傾く。更に鳴りつづければ、神道は安泰となる。あたり一面全てが皆平和となる。

この行事の後で焼け焦げた竹を拾いベッドの下へ入れる。この竹の余力で悪病を駆逐する。

薬箱をとり除いて、酒盃を添え、昼間は楽しく遊び、夜はぐっすりと睡る。

ここに記された「爆竹の行事」の詩から明らかなように、范成大の時期には竹を燃やす爆竹が年末年始によく行われていたことが分かるし、また、この爆竹の燃え残りには病を治す効能があったと信じられていたことを知ることができる。更にこの詩は『事文類聚《じぶんるいしゅう》』や『清嘉録』などにも引用されている。

趙師侠《ちょうしきょう》、一名、趙師使《ちょうしし》の著した『坦庵詞《たんあんし》』[21]（一二〇〇頃）と題する詞集の中に、歌曲の名の「鷓鴣天《しゃこてん》」と題する詞があり、その中に、「爆竹の音の中でまた歳を越す、穏やかな平和な気分があたり一面に満ちている」とある。これも竹を燃やす爆竹と推定される。

楊万里《ようばんり》（一一二七〜一二〇六）の著した『誠斎集《せいさいしゅう》』[22]（一二〇八）の「除夜に石塔寺に宿泊す」と題する詩の中に「幸いにも爆竹の音で、寒い夜の夢を驚かされることもなかった」とあり、『月令《げつれい》輯要《しゅうよう》』（一七一五）にも引用されている。これも竹を燃やす爆竹と推定される。

同じく楊万里の『誠斎集』(23)に記された「開禧《かいき》と年号を改めた年（一二〇五）の正月」と題する詩の中に、「夜中の梅の花は歳を越し、夢を見ている眠りの中に、爆竹は夜明けを告げる」とあるが、これも竹を燃やしたものと推定される。

周弼《しゅうひつ》（〜一二五〇）の詩文集『汶陽端平詩雋《ぶんようたんぺいししゅん》』(24)（一二五七）には「豊年の行事」と題する詩の中に、「廟の前で紙を割いて、青竹を焼く」とある。ここには青竹が記されているので、竹を燃やす爆竹であることが分かる。

方岳《ほうがく》（一一九九〜一二六二）の書きとめた『秋崖先生小藁《しゅうがいせんせいこう》』(25)（〜一二六二）には「立春の日に、翰林学士の高《こう》（人名）さんに手紙を出す」と題する詩の中に、「新年の御馳走を食べる前に爆竹を行う」とある。これは竹を燃やす爆竹を記したものと考えられる。

楊纘《ようさん》、一名、楊瓚《ようさん》が除夜を詠った「一枝《いっし》の春」(26)と題する詞に、「竹が爆《は》ぜて春を驚かし、騒がしさを競って、夜になると、あちらこちらの家から簫《ふえ》や太鼓の音楽が流れる」とあるが、これも竹を燃やす爆竹を詠じたものと推定される。

陳元靚《ちんげんせい》（一二〇〇頃〜一二六六）の著した『歳時広記』(27)（〜一二六六）には「爆竹を燃やす」として『神異経』、『荊楚歳時記』を引用し、前述の蘇轍《そてつ》の詩を引用し、また王安石《おうあんせき》の詩を引用して「王安石（王荊公）の詩にいうには、爆竹は隣の鬼を驚かす」とあり、さらに続けて次のように述べている。

古い詞にいうには「南楼の人々がまだ寝ているうちから、笛と歌の響きに混じって爆竹の音が聞えてくる」と。またいう、「竹が爆《は》ぜ、堂の門や庭に当たって、門や階段を震わしている」と。

ここには『神異経』、『荊楚歳時記』を引用しているので、竹を燃やす爆竹を記したものと推定される。同じく陳元靚の『歳時広記』には、前述のように唐の太宗の火戯を「火山を設ける」として記し、つづいて欧陽修の前述の詩をも記している。更に「宝珠を懸《か》ける」として『続世説』を引用し、隋の煬帝の除夜の行事を記している。それに加え「爆竹を燃やす」として『該聞集』を引用しているのは、これらの記述から、竹を燃やす爆竹が行われていたことを物語るものである。

以上述べたことを要約すれば、『経史証類大観本草』（一一〇八）、及び『政和経史証類備用本草』（一一一七）に引用の李畋（九一七?～一〇〇六）の『該聞集』（～一〇〇六）、黄庭堅（一〇四五～一一〇五）の『予章黄先生文集』（～一一〇五）、蘇轍（一〇三九～一一一二）の『欒城集』（～一一一二）、欧陽修（一〇〇七～一〇七二）の『欧陽文忠公集』（～一〇七二）、高承の『事物紀原』（～一〇八五）、王安石（一〇二一～一〇八六）の『王荊文公詩』（～一〇八六）、蘇軾（一〇三六～一一〇一）の『東坡全集』（～一一〇一）、荘綽（一〇九〇頃～一一五〇頃）の『鶏肋編』（一一三九）、李石（一一〇八～一一八二）の『続博物志』（一一五〇頃）、梁克家（一一一六～一一八二）の『淳熙三山志』（一一八二）、

袁文（一一一九～一一九〇）の『甕牖間評』（～一一九〇）、范成大（一一二六～一一九三）の『石湖居士詩集』（～一一九三）などには竹を燃やす爆竹の記載がある。すなわち、結論として、この竹を燃やす爆竹は、ほぼ一二〇〇年頃まで用いられていたのである（表一）。

一方、軍事用の火器としても、前述のように、『武経総要』には煙毬、毒薬煙毬、火薬鞭箭、引火毬、蒺藜火毬、鉄觜火鷂、霹靂火毬、火箭などが記されている。これらをつくるために使用する「火薬」はその成分の記載がなく、「火薬法」と記された燃焼剤を使用したのである。「火薬法」と記された「火薬」は主に、硝石、硫黄、植物油からなっており、木炭は殆ど使用されていない。例えば「煙毬」(28)はこれをつくるのに、「火薬」と記された燃焼剤を用い、使用するとき、焼け火箸のような錐《きり》を用いて点火した後、投石機で投げるものである。これが爆発性の火薬でつくられていたならば、点火した人自身が大怪我をすることは前に述べた霹靂火毬と同じである。毒薬煙毬は、毒煙を発し、敵を燻すことを目的とする煙毬であるが、これには硝石、硫黄とともに多くの植物油が使用されており、木炭は少量が使用されているにすぎない。使用する木炭が極めて少量であっても、これをつくるとき「原料をゆっくりと、よく混合し」とあり、このとき強く攪拌混合すれば、発火爆発したこともあったのである。したがって『武経総要』では硝石、硫黄、植物油など、そのおのおのが、極めて燃焼性の高いことから、これらを混合し、これを「火薬」と記したものである。

また「毒薬煙毬」[29]、及び「火薬法」[30]には、これをつくるとき、硝石、硫黄などを搗き合わせてつくることが記されている。このとき木炭を混入すれば、乾燥した状態では爆発を起こす。現在行われているように、原料の三者を水で濡らしたまま粉砕混合して細末とし、その後に乾燥させる、といった黒色火薬の製造技術は確立されていなかった。また、火薬とは硝石、硫黄、木炭の混合物で、爆発性があるものとは定義づけられていなかった。いうなれば『武経総要』に「火薬」として記されている当時の燃焼剤は、現在の爆発性の火薬とは同一ではないのである。中国の化学史、また火薬の歴史について書かれた論著では『武経総要』(一〇四四)の中に「火薬」と記される軍事火器の記載があることから、中国における黒色火薬の実用化が、一〇四四年以前に完成していたとする見解が殆どであるが、これは誤りである。

ときには、硝石、硫黄、木炭を乾燥した状態で混合粉砕したこともあったであろう。そのために大爆発を起こし、仕事をしていた人は大火傷を負い、あるいは瀕死の重傷となり、または即死するなどの事故が屢〻あったことは疑いのないところである。そして遂には前述のような、製造方法が確立されたのである。それは、いつ、行われたのであろうか。

当時の戦いでは、前述のような燃焼剤を使用した霹靂火毬などの火毬類を点火して敵陣中に投げることが行われていた。また素焼きの容器に鉛や錫などの融点の低い金属の共融混合物を加熱溶解した液体をつめ、投石機で投げていたのである。思うに岳飛《がくひ》(一一〇三〜一一四一)は素焼きの容器に、灰、石灰、はまびし状の尖った鉄片の鉄蒺藜などをつめた灰礮《かいほう》を使用して大勝しているし（一一三五）、このほか、動植物油を用いた火箭および硝石・硫黄・植物油などを混合した燃焼剤を用いた火箭なども使用されていた。したがって宋代前期には黒色火薬はなかったと推定されるのである。

それでは、前述の竹を燃やす爆竹は、後世にはどのように進歩したのであろうか。また、いつ、黒色火薬がつくられ、それを用いた花火が、どのように、つくられたのであろうか。次にこれについて論ずる。

注

（1）李昉『太平御覧』巻二十九、九八三
前述の『易緯通卦験』を引用し、「易通卦験曰、正月五更。（以下略）」とあり、つづいて『荊楚歳時記』を引用して、「荊楚歳時記曰、元日庭前爆竹。（中略）又俗、爆竹燃草起於庭燎」とある。更に『神異経』を引用し、「神異経在西方深山中。（中略）。又正月一日三元日也。（中略）先於庭前爆竹、（以下略）」と。また更に、前述の『風俗通』を引用し、「応劭風俗通曰、（以下略）」と述べ、更に再び『神異経』を引用している。

（2）曽公亮『武経総要』前集巻十二、一〇四四

霹靂火毬

右霹靂火毬、用乾竹両三節、経一寸半無罅裂者、存節勿透。用薄瓷如鉄銭三十片、和火薬三四斤、裹竹為毬。両頭留竹寸許、毬外加傅薬。若賊穿地道攻城、我則穴地迎之、用火錐烙毬。開声如霹靂。然以竹扇、簸其煙焔。以薫灼敵人。一説用乾艾一石焼、煙亦可代毬。

霹靂火毬

右の霹靂火毬は、乾竹両三節、経一寸半の罅裂なき者を用ひ、節を存して透すこと勿れ。薄瓷、鉄銭の如きもの三十片を用ひ、火薬三四斤に和し、竹に裹（つつ）みて毬と為す。両頭に竹を留むること寸許（ばかり）、毬外に傅薬を加ふ。若し賊が地道を穿ちて城を攻むれば、我は則ち地に穴して之〔賊〕を迎へ、火錐烙毬を用ふ。開声は霹靂の如し。然して竹扇（竹製の大きな扇）を以て、その煙焔を簸（あお）りて以て敵人を薫灼す。一説に乾艾一石を用ひて焼き、煙も亦毬に代ふべしと。

（3）

艾晟『経史証類大観本草』巻十三、一一〇八

李畋該聞集云、爆竹辟妖気。隣人有仲叟。家為山魈所祟、擲瓦石、開戸牖。不自安。叟求禱之、以仏経報謝。而妖祟彌盛。畋謂其叟曰、翁旦夜於庭落中、若除夕爆竹数十竿。叟然其言、爆竹至暁、寂然安帖、遂止。

李畋の『該聞集』に云ふ、「爆竹は妖気を辟く。〔李畋の〕隣人に仲叟なるもの有り。家は山魈の

祟る所と為り、瓦石を擲げ、戸牖（戸まど、入口）を開く。自ら安んぜず。叟は求めて之を禱（いの）り、仏経を以て報謝す。而るに妖の祟ること彌（いよいよ）盛んなり。畋、其の叟に謂ひて曰く、『翁は旦夜（朝夕）庭落中に於て、除夕の爆竹数十竿のごとくせよ』と。叟は其の言を然りとし、爆竹して暁に至り、寂然として安帖し、遂に〔山魈の祟りが〕止む」と。

（4）『李畋該聞録』（『説郛』所収）

畋生於丑門昌西橋。所居之南旧有一宅。高敞虚闃人不可居。毎至昏瞑間、於堂壁之下、有声漸起。若銅鈴之響、或四或五、繚繞宇内、至暁始息。先考好接士、偏訪人問其故。時有焦道士曰、妖祥之興、本由陰陽五行之気、相剋滅而然也　凡二気相搏為声。此必因沴気畜在一隅。故成妖爾。謂偏室中屋壁狭隘之処、俾其開豁虚明、発泄滞気、然後復新其壁。先考如其言、果妖不復作。畋自幼誌之後、有朋友凶宅者、以此伝之皆験。

〔李〕畋、丑門の昌西橋に生まる。居る所の南に旧（もと）一宅あり。高敞（高くてひらけている）虚闃（からっぽでひっそりしている）にして人居るべからず。昏瞑（くらいこと）の間に至るごとに、堂壁の下において、声ありて漸く起こる。銅鈴の驚きのごとく、或いは四、或いは五、宇内（家の中）を繚繞（まわるめぐる）して、暁に至りて始めて息（や）む。先考（亡くなった父）好く士に接し、偏《あまね》く人を訪ねてその故を問ふ。時に焦道士なるもの有りて曰く「妖祥（わざわいのきざし）の興るは、本（もと）より陰陽五行の気、相剋《そうこく》して滅（ほろぼ）すに由りてしかるなり。凡そ二気、相搏ちて声をなす。これ必ず沴気（悪い気）の一隅に畜在するに因る。故に妖（災）を成すのみ」と。謂ふに「偏く室中の屋壁の狭隘の処は、それをして開豁虚明ならしめ、滞気を発泄（放散）し、然る後に復たその壁を新たにせよ」と。先考その言の如くするに、果して妖また作（おこ）らず。畋、幼よりこれを誌せる（記憶する）より後、朋友の凶宅ある者あれば、此を以て之に伝ふるに、みな験（効能）あり。

（5）蘇轍『欒城集』巻一～一一一二
「辛丑除日、寄子瞻」（辛丑（一〇六一）の除日に、子瞻（蘇軾の字）に寄す）と題する詩の中に「楚人重歳時、爆竹鳴礫礫」（楚人重歳の時、爆竹鳴りて礫礫（音の鳴る様子）たり）

（6）欧陽修『欧陽文忠公集』巻五十五、（外集巻五）、～一〇七二
「除夜偶成、拝上学士三丈」（除夜偶成、拝して学士三丈に上る）と題する詩の中に、「隋宮守夜沈香燎、楚俗駆神爆竹声」（隋宮、夜を守る、沈香の燎（かがりび）、楚俗、〔悪〕神を駆る爆竹の声）

（7）高承『事物紀原』巻八、～一〇八五
歳時記曰、元日爆竹於庭、以辟山臊。山臊悪鬼也。神異経曰、犯人則病。畏爆竹声。宗懍乃云、爆竹燃草起於庭燎。風俗通謂起於庭燎。

『歳時記』に曰く、「元日、竹を庭に爆（ばく）し、以て山臊を辟く。山臊は悪鬼なり」と。『神異経』に曰く、「人を犯すとき、則ち〔人は〕病む。〔山臊は〕爆竹の声を畏る」と。宗懍乃ち云ふ、「竹を爆し草を燃やすは、庭燎より起こる」と。『風俗通』に謂ふ、「庭燎より起こる」と。

（8）王安石『王荊文公詩』巻四十一、～一〇八六
「元日」と題する詩の中に、「爆竹声中一歳除」（爆竹声中、一歳除（さ）る）

（9）蘇軾『東坡全集』巻二十八、～一一〇一
「荊州」と題する詩の中に、「爆竹驚隣鬼」（爆竹は隣鬼を驚かす）

（10）黄庭堅『予章黄先生文集』巻三、～一一〇五
「観伯時画馬」（伯時（李公麟）の馬を画くを観る）と題する詩の中に、「翰林湿薪爆竹声」（翰林の湿薪、爆竹の声）

（11）陳与義『簡斎集』巻二十、～一一三八
「除夜」と題する詩の中に、「城中爆竹已残更」（城中の爆竹、已に残更（夜明け））

（12）荘綽『鶏肋編』巻上、一一三九
澧州除夜家家爆竹、毎発声、即市人群児環呼曰大熟。如是達旦、其送節物、必以大竹両竿随之、広南則呼万歳。

澧州（湖南省澧県）の除夜、家家爆竹し、〔爆竹が〕声を発する毎に、即ち市人、群児、環呼して

「大熟」（豊年）と曰ふ。是の如くにして旦に達し、其の節物（地方の四季おりおりの品）を送り、必ず大竹の両竿を以て之に随ひ、広南は則ち万歳と呼（さけ）ぶ。

（13）『五朝紀事』、『五朝小説』、『宋人百家小説』、『説郛』所収の『鶏肋編』

広南（中略）歳除爆竹、軍民環聚、大呼万歳。

広南は（中略）歳除に爆竹し、軍民は環聚し、万歳と大呼す。

（14）李石『続博物志』巻二、一一五〇頃

有人為山魈所祟。或教以爆竹如除夕可弭。人用其言獲安。問之則曰、此荊楚歳時記、以辟山魈。鬼陰冷之気勝、則声陽、以攻之。

人の山魈の祟る所と為る有り。或ひと教ふるに爆竹もて除夕の如く、〔山魈の祟りが〕弭（や）むべきを以てす。人、其の言を用ふれば安きを獲（え）たり。之を問へば則ち曰く、「此れ『荊楚歳時記』に以て山魈を辟（さ）く」と。鬼は陰冷の気、勝るときは、則ち声は陽にして、以て之（人）を攻む。

（15）梁克家『淳熙三山志』巻四十、一一八二

今州人、除夕以竹著火、焼爆於庭中、児童当街焼爆、相望戯呼達旦。謂之焼火爆。張丞相浚為帥日、除夕莆人鄭樵客郡中、与観火爆。丞相命賦詩、給竿字為韻。樵口占云。駒隙光陰歳已残。千門竹爆共団欒。焼成焔焔丹砂塊。砕尽

琅琅碧玉竿。

今、州（福建省莆田県）人は、除夕に竹を以て火に著け、庭中に焼爆し、児童は街に当たりて焼爆し、相望み戯呼して旦に達す。之を焼火爆と謂ふ。張丞相浚〔丞相の張浚（字は徳遠、一〇八六～一一五四）〕帥為りし日に、除夕に莆人（福建省莆田県）の鄭樵（字は漁仲、一一〇四～一一六二）郡中に客たり、与に火爆を観る。丞相、詩を賦する（詩をつくる）を命じ、竿の字を給ひて韻と為さしむ。樵の口占に云ふ、「駒隙、光陰、歳已に残し、千門の竹爆は団欒を共にす。焼成す焔焔たる丹砂の塊。砕尽す、琅琅たる（金石の触れ合う音）碧玉の竿（青竹）」と。

（16）袁文『甕牖間評』巻三、～一一九〇
宗懍云、歳旦燎竹于庭、所謂燎竹爆竹也。王荊公詩云、爆竹声中一歳除。而今乃用、于歳前数日。

宗懍云ふ、「歳旦、竹を庭に燎く、所謂燎竹は爆竹なり」と。王荊公（王安石）の詩に云ふ、「爆竹声中、一歳、除（さ）る」と。しかれども今乃ち用ふるは、歳前に于（お）ける数日なり。

（17）范成大『石湖居士詩集』巻二十三、～一一九三
「癸卯除夜、聊復爾斎偶題」（癸卯の除夜、聊復爾斎（書斎名）にて偶ゝ（たまたま）題す）と題する詩の中に「書扉無健筆、爆竹有寒灰」（書扉に健筆無く（書斎では勉強しないのでよい文が書けない）、爆竹に寒灰有り（爆竹のあとには冷たくなった灰が有る））

（18）前掲『石湖居士詩集』巻二十六

「丙午新正書懐」（丙午（一一八六）の新正に、懐（おもい）を書す）と題する詩の中に、「強将爆竹聒堦前」（強ひて爆竹を将（おこな）ひ堦前（階段の前）に聒（かまびす）し（さわがしい））

（19）前掲『石湖居士詩集』巻三十

其五爆竹行。此他郡所同、而呉中特盛。悪鬼蓋畏此声。古以歳朝、而呉以二十五夜。

其の五、爆竹行。此れ他郡も同じくする所にして、呉中は特に盛んなり。悪鬼は蓋し此の声を畏る。

古は歳朝を以てし、而して呉は二十五夜（十二月二十五日）を以てす。

（20）前掲『石湖居士詩集』巻三十

「爆竹行」

歳朝爆竹伝自昔。呉儂政用前五日。食残豆粥掃罷塵。截筒五尺煨以薪。

節間汗流火力透。健僕取将仍疾走。児童却立避其鋒。当堦撃地雷霆吼。

一声両声百鬼驚。三声四声鬼巣傾。十声百声神道寧。八方上下皆和平。

却拾焦頭畳牀底。猶有余威可駆癘。屏除薬裹添酒杯。昼日嬉遊夜濃睡。

「爆竹行」

歳朝の爆竹は昔より伝ふ。呉儂（呉人、われわれ呉の人間）は政に前五日（新年の前五日）を用

以てす。

ふ。豆粥を食べ残し、塵を掃ひ罷（や）め、〔竹の〕筒を截ること五尺、煨（うずみび）には薪を節間は汗のごとく流れて火力透る。健僕（たくましい下男）は取りて将て仍ち疾走す。児童は却立して其の鋒を避く。堦（階）に当て地を撃たば雷霆（雷、爆竹）のごとく吼ゆ。一声両声に百鬼驚き、三声四声に鬼巣傾く。十声百声に神道寧らかに、八方上下は皆和平なり。却って焦頭を拾ひ牀底に畳《かさ》ね（ベッドの下へかさねる）、猶ほ余威有れば癘（悪病）を駆るべし。薬裹《やくか》（薬箱）を屏除して（とり除いて）酒杯を添へ、昼日は嬉遊して夜は濃睡す。

(21) 趙師俠『坦庵詞』一二〇〇頃

「鷓鴣天」と題する詞の中に、「爆竹声中歳又除、頓回和気満寰区」（爆竹声中に歳また除（さ）り、頓（とみ）に和気を回らし寰区（広い境界）に満つ）

(22) 楊万里『誠斎集』巻十八、一二〇八

「除夜宿石塔寺」（除夜に石塔寺に宿す）と題する詩の中に「幸無爆竹驚寒夢」（幸ひに爆竹の寒夢を驚かすこと無し）

(23) 前掲『誠斎集』巻四十二

「乙丑改元、開禧元月」（乙丑改元の開禧元月）と題する詩の中に「夜半梅花添一歳。夢中爆竹報残更」（夜半の梅花一歳を添ふ。夢中の爆竹残更を報ず）

（24）周弼『汶陽端平詩雋』巻一、一二五七
「豊年行」（豊年行）と題する詩の中に、「廟前擘紙青竹爆」（廟前に紙を擘き青竹を爆（ばく）す）
（25）方岳『秋崖先生小藁』巻三十八、～一二六二
「立春日柬高内翰」（立春の日に、高内翰（宋代の翰林学士）に柬《かん》す（手紙を出す））と題する詩の中に「攙先椒盤竹爆」（椒盤（新年の酒肴）に攙先《ざんせん》して（先だって）竹爆す）
（26）『全宋詞』第五冊、三〇七五頁、楊瓚（楊纘）の項、中華書局
「一枝春」（一枝の春）と題する詞の内に、「竹爆驚春競喧塡、夜起千門簫鼓」（竹爆は春を驚かして喧塡（けんてん）を競ひ、夜に千門の簫鼓起こる）
（27）陳元靚『歳時広記』巻五、～一二六六
「燃爆竹」（爆竹を燃やす）として『神異経』『荊楚歳時記』を引用し、前述の蘇轍の詩を引用し、また王安石の詩を引用して「王荊公詩云、爆竹驚隣鬼」（王荊公（王安石）の詩に云ふ、爆竹は隣鬼を驚かす）とあり、更につづけて次のように述べている。

古詞云、南楼人未起、爆竹声聞。応在笙歌裏。又云、竹爆当門庭震門陛也。

古詞に云ふ、「南楼の人、未だ起きざるに、爆竹の声聞ゆ。応に笙歌（笙の笛とうた）の裏（うち）に在るべし」と。又云ふ、「竹爆は門庭に当つれば門陛（門ときざはし）を震はす」と。
（28）前掲『武経総要』前集巻十一

煙毬

毬内用火薬三斤、外傅黄蒿一重、約重一斤。上如火毬法、塗傅之令厚、用時以錐烙透。

煙毬

毬内に火薬三斤を用ひ、外に黄蒿一重、約重さ一斤を傅す。上は火毬法のごとく、これに塗傅して厚からしめ、用ふる時には錐を以て烙《や》き透《とお》す。

(29) 前掲『武経総要』前集巻十一

毒薬煙毬

毬重五斤、用硫黄一十五両、草烏頭五両、焰硝一斤十四両、芭豆五両、狼毒五両、桐油二両半、小油二両半、木炭末五両、瀝青二両半、砒霜二両、黄蝋一両、竹茹一両分、麻茹一両一分、搗合為毬。貫之以麻縄一条、長一丈二尺、重半斤為絃子。更以故紙一十二両半、麻皮十両、瀝青二両半、黄蝋二両半、黄丹一両一分、炭末半斤、搗合塗傅于外。若其気熏人、則口鼻血出。二物並以砲放之、害攻城者。

毒薬煙毬

毬の重さ五斤、硫黄一十五両、草烏頭(トリカブト)五両、焰硝(硝石)一斤十四両、芭豆五両、狼毒(ノコギリソウ)五両、桐油二両半、小油二両半、木炭末五両、瀝青二両半、砒霜二両、黄蝋一両、竹茹一両一分、麻茹一両一分を用ひ、搗《つ》き合せて毬を為る。之を貫くに麻縄一条、長さ一丈二尺、重さ半斤を以て絃子（いとだま）を為る。更に故紙一十二両半、麻皮十両、瀝青二両半、黄蝋二両半、黄丹一両一分、炭末半斤を以て、擣き合せて外に塗傅す。若しその気、人に熏ぜば、則ち口鼻より血出づ。二物（煙毬と毒薬煙毬）は並（なら）びに砲を以て之を放ち、城を攻むる者を害す。

（30）前掲『武経総要』前集巻十二

火薬法

晋州硫黄十四両、窩黄七両、焰硝二斤半、麻茹一両、乾漆一両、砒黄一両、定粉一両、竹茹一両、黄丹一両、黄蝋半両、清油一分、桐油半両、松脂一十四両、濃油一分。

右以晋州硫黄、窩黄、焰硝、同擣羅。砒黄、定粉、黄丹、同研、乾漆擣為末。竹茹、麻茹即微炒、為砕末。黄蝋、松脂、清油、桐油、濃油、同熬成膏。入前薬末、旋旋和匀、以紙五重裹衣。以麻縛定、更別鎔松脂傅之。以砲放、復有放、毒薬煙毬法、具火攻門。

火薬法

晋州の硫黄十四両、窩黄（海綿状の多くの穴があいた硫黄）七両、焰硝二斤半、麻茹一両、乾漆（乾燥した漆）一両、砒黄（二硫化砒素）一両、定粉（炭酸鉛）一両、竹茹一両、黄丹（酸化鉛）一両、黄蝋半両、清油（種油）一分、桐油半両、松脂一十四両、濃油一分。

右、晋州の硫黄、窩黄、焰硝を以て、同じく擣羅《とうら》（つきならべる）す。砒黄、定粉、黄丹、同じく研《みが》き、乾漆は擣きて末と為す。竹茹、麻茹は即ち微《すこ》しく炒り、砕末と為す。黄蝋、松脂、清油、桐油、濃油は同じく熬《い》りて膏と成す。前の薬末を入れ、旋旋して和匀《わきん》し（おだやかにかきまぜ）、紙五重を以て裹みて衣す。麻を以て縛定し、更に別に松脂を鎔（溶）かして、之に傅（塗布）す。砲を以て放ち、また放つこと有れば、毒薬煙毬の法もて、火を具《そな》へて（加えて）門を攻む。

文献

（1）有馬成甫『火砲の起源とその伝流』吉川弘文館、一九六二
（2）唐慎微『政和経史証類備用本草』巻十三、一一一七
（張存恵『重修政和経史証類備用本草』南天書局、一九七六）
（3）祝穆『（古今）事文類聚』巻四十八、一二四六
（4）陳元靚『歳時広記』巻四十、～一二六六
（5）陳耀文『天中記』巻五、一五九五
（6）李時珍『本草綱目』巻三十七、一五九六
（白井光太郎監訳『国訳本草綱目』（九巻）、七一二頁、春陽堂、一九二九）
（7）焦竑『焦氏筆乗』巻五、～一六二〇
（8）陳元竜『格致鏡原』巻五十、一七〇八

（9）張玉書等『佩文韻府』巻九十、上、一七一一
（10）馮応京『月令広義』巻二十、一六〇二
（11）前掲『歳時広記』巻四十、～一二六六
（12）袁文『甕牖間評』巻三、一一九〇
（13）前掲『（古今）事文類聚』巻六
（14）前掲『（古今）事文類聚』巻十二
（15）顧録『清嘉録』巻一、一八三〇
（16）呉延楨『月令輯要』巻五、一七一五

表一　竹を燃やす爆竹

西暦年	記述内容および原典名
~二二〇	爆竹が後漢の頃に行われた（『太平御覧《たいへいぎょらん》』、『事物紀原』引用の『風俗通義《ふうぞくつうぎ》』、及び『太平御覧』、『月令採奇《げつれいさいき》』引用の『易緯通卦験《えきいつうかけん》』）。
~五〇〇	焚火の中で生竹を燃やすと、爆発音を発し山臊人《さんそうじん》が驚いた（『神異経《しんいけい》』）。
~六〇〇頃	正月一日の朝に庭で爆竹をした（『荊楚歳時記《けいそさいじき》』）。
~六一七	『玉燭宝典《ぎょくしょくほうてん》』には『荊楚歳時記』とほぼ同様のことが記されている。
~七三〇	爆竹の記載が張説《ちょうえつ》（六六七~七三〇）の詩「岳州に歳を守る」にある（『全唐詩』）。
八一七	爆竹の記載が元稹《げんしん》（七七六~八二九）の詩「春生ず」にある（『全唐詩』）。
~八八〇	竹爆の記載が薛能《せつのう》（八一七~八八〇）の詩「除夜の作」にある（『全唐詩』）。
~八八一頃	爆竿の記載が来鵠《らいこく》（~八八一頃）の詩「早春」にある（『全唐詩』）。
~九八二	爆竹の記載が李昉《りほう》（九二五~九九六）の編集した『太平御覧』（九八三）にある。
~一〇〇六	「爆竹は妖気をさける」と『証類本草《しょうるいほんぞう》』引用の『李畋該聞集《りでんがいぶんしゅう》』に記されている。
~一〇四四	竹の周りを燃焼剤で包み、霹靂火毬《へきれきかきゅう》をつくった（『武経総要《ぶけいそうよう》』）。
一〇六四	爆竹が蘇轍《そてつ》（一〇三九~一一一二）の詩に記されている（『欒城集《らんじょうしゅう》』）。
~一〇七二	爆竹が欧陽修《おうようしゅう》（一〇〇七~一〇七二）の詩に記されている（『欧陽文忠公集』）。

〜一〇八五	『事物紀原《じぶつきげん》』は『神異経』、『荊楚歳時記《けいそさいじき》』を引用している。
〜一〇八六	爆竹の記載が王安石《おうあんせき》（一〇二一〜一〇八六）の詩「元日」にある（『王荊文公詩《おうけいぶんこうし》』）。
〜一一〇一	爆竹の記載が蘇軾《そしょく》（一〇三六〜一一〇一）の詩「荊州《けいしゅう》」にある（『東坡《とうば》全集』）。
〜一一〇五	爆竹の記載が黄庭堅《こうていけん》（一〇四五〜一一〇五）の著した『予章黄《よしょうこう》先生文集』（〜一一〇五）にある。
〜一一三九	爆竹の記載が荘綽《そうしゃく》（一〇九〇頃〜一一五〇頃）の著した『鶏肋編』（一一三九）にある。
一一五〇頃	「鬼をさけるために爆竹をする」と、李石《りせき》（一一〇八〜一一八一）の著した『続博物志《ぞくはくぶつし》』（一一五〇頃）にある。
〜一一八二	焚火の中へ竹を入れ、これを「焼火爆《しょうかばく》」というと梁克家《りょうこくか》（一一一六〜一一八七）が記録した『淳熙三山志《じゅんきさんざんし》』（一一八二）にある。
〜一一九〇	「爆竹は年末の数日間に用いる」と袁文《えんぶん》（一一一九〜一一九〇）の著した『甕牖間評《おうゆうかんぴょう》』（〜一一九〇）にある。
〜一一九三	爆竹が范成大《はんせいだい》（一一二六〜一一九三）の著した『石湖居士《せきここじ》詩集』（〜一一九三）に記されている。

八　火薬は外国から中国へ伝わったか

I　敦煌《とんこう》発見の旗に描かれた火槍

フランスの有名な中国学者ペリオ（Pelliot, P.）博士等が、甘粛省西部の敦煌で発見した旗は、パリのギメ博物館（Musée Guimet）に現在保存されている。この旗には、マーラ（Māra 魔羅《まら》）、すなわち修道のさまたげをする鬼が火槍を使用している画が描かれている（図八、図九）。

この旗については、すでにニコラ・バンディエ（Mme Nicolas-Vandier）女史によって発表されているが（一九七四、一九七六）、バンディエ女史によれば、この旗は十世紀頃にできたものといわれる。そして、この旗の画をマーラの突撃（L'assault de Māra）として説明しているが、火槍については何等の説明もなされていない。この画にはマーラが描かれているし、マンダラ（曼荼羅）が描かれていることから、仏教がインドから中国へ伝わったのと同様に、火槍の知識が伝わって来たことを示すものとも考えられる〔「マンダラとは、梵語の Mandala の音写であって、仏が悟りを得た場所の意味から、転じて仏教徒の儀式の壇を、また、仏の菩薩を配置して仏教の世界観を示した画像をも意味するといわれる」〕。いうまでもなく、前述の吐火や、元宵の観灯などの行事や、その他の技術や物資が西域の国から中国へ、漢代以降、後世にまで伝わっていたことは広く知られている。

ヨーロッパや中近東のイスラム教国などにおいては、このような火槍の燃焼剤に石油を使った火焔放射器のような火器が、十世紀以前のかなり古い時代から使用されていたのである。

では、この画にみられる火槍の燃焼剤には、どのような成分の物質を用いたのであろうか。

(一) 黒色火薬――燃焼剤に火薬を用いたとすれば、これらの知識は当然中国に伝わり、金軍あるいは宋軍に知られるようになったものと推測される。中国で硝石・硫黄・木炭を用いた爆発性の火薬が実用化されたのは、十二世紀の初め頃と推定されるので、この可能性はないと考えられる。また、インドにおける火薬の歴史について記された論著も数多くあるが、十二世紀以前において、火薬を使ったことを記した欧文での論著はみられない。

(二) 粗製(当然のことながら硫黄は含まれている)、あるいは多少なりとも精製した石油――前述のようにイスラム教国などでは石油を産出し、これを用いた火器が古くから使用されていた。また中国でも古くから石脳油《せきのうゆ》あるいは火油《かゆ》と称する石油は知られていた。例えば前述のように、四川省では竹筒に石油をいれて灯火に用いていたし、石油を用いた鉄筒を武粛王《ぶしゅくおう》の銭鏐《せんりゅう》(八五二~九三二)は狼山江《ろうざんこう》の戦い(九一九)で用いていた。また『武経総要』(一〇四四)には石油を用いた火焔放射器のような火器「猛火油櫃筒櫃《もうかゆきとうき》」が記されているので、これら戦時における石油の知識は、インドなどから中国へ十世紀以前に伝わってきた可能性がある。

（三）硝石・硫黄、及び動植物性油脂などの混合物の燃焼剤――硝石、及び硝石を含む狼糞・牛糞などとともに動植物油を用いたものか。前述のように唐代に書かれた『神機制敵太白陰経《しんきせいてきたいはくいんけい》』（七五九）には、烽燧台の防備にこのような「火筒《とう》」が使われたことが記されている。この烽燧台には「火筒」とともに狼糞・牛糞の記載があるので、このような燃焼剤を用いたとも推定されるのである。

これらのいずれを用いたかは判然としないが、この旗が敦煌に早くも十世紀頃にあったことは、インドなどの燃焼剤の知識が、前述の吐火の技や観灯の行事などとともに、中国へ伝わったことを示すものと考えられる。加うるに、後世の爆竹、爆仗、煙火および火槍などの火器の発展に大きく寄与したものと推定される。

Ⅱ　火薬は外国から中国へ伝わったとする史料

中国では宋代以前に外国から猛火油《もうかゆ》（石油）が伝わった。それゆえ、中国以外の近隣国、例えばインドなどで火薬が使用されていたならば、当然、中国へも伝わったものと推定される。

明代の丘濬《きゅうしゅん》（一四二〇～一四九五）が著した『大学衍義補《だいがくえんぎほ》』[1]（一四七八）には、「火攻めの戦法、火薬、大砲の起源」などを論じ、さらに火薬について次のように記されている。

歴史の制度を考えてみると、みな火薬については載せていない。火薬が、いつ、誰によって、どのようにしてできて、始まったかを知らない。隋唐以後になって、西域から始まり、今の世間一般で使われている煙火（烟火、花火）と同じように、中国に到着したのではなかろうか。

つまり、丘濬は火薬がどこで、誰によって、初めてつくられたかを知らずに「火薬が、隋唐代以後に、西域の国より中国へ伝わったのではないか」と疑問視していた。

この『大学衍義補』が書かれたのは、ヨーロッパからトメ・ピレス等が海路により、初めて中国を訪れ、ヨーロッパの仏朗機《ふらんき》なる火器をもたらした一五一七年以前の記録であるので、この記録は当時の中国の火薬および火器についての実情を正確に物語るものであると考えたい。

方以智の著した『物理小識《ぶつりしょうしき》』[2]（一六六四）には「火薬」について論じ「火薬は外国から来た」と述べている。この記述は『格致古微《かくちこび》』（一八九六）などに引用されている。

しかしながら、中国ではすでに一二〇〇年頃に黒色火薬は広く使用されていたので、これらの意味するところは明らかでない。これらの述べているところは前述の（1）唐代に使用した火筒、あるいは（2）敦煌にあった旗に描かれた火槍のような火器の知識が中国に伝わったことを述べたものか、または、（3）元代末期の一三五〇年頃に明軍の一部は火筒を使用していた。この火筒が西域の地から伝わったことを述べたものか、（4）一四〇〇年代の初期に、ベトナム（南交《なんこう》）

などにおいて使用していた火器は、当時のインド、中国の火器よりもすぐれていたことを述べたものか、(5) あるいは、このほかの事実を意味するのか明らかでない。

前述のように、方以智の『物理小識』には「火薬」について論じ「火薬は外国から来た」とある。同じく方以智の著した『通雅《つうが》』(3)(一六六六頃)には「昔は、石をもって砲としていた。火砲は外国から起こった。そして中国の地に伝わってきた」と記されている。方以智がこれらを書いていた頃には、中国で発明された火薬を使った火槍などの兵器が、イスラム教国、ヨーロッパに伝わり、そこでつくられて著しく改良され、優れた近代的な火器になった火縄銃や大砲などが、トメ・ピレス等により、中国へ一五一七年以後に流入していたので、これを記したものとも考えられる。

それでは、宋代後期には黒色火薬が発明されたと推定されるので、次にこれについて論じてみよう。

注

(1) 丘濬『大学衍義補』巻百二十二、「火攻、火薬、礮(砲)」の項、一四七八、歴考史制、皆所不載。不知此薬始於何時、昉於何人。意者在隋唐以後、始自西域、与俗所謂煙火者同、至中国歟。

史制を歴考するに、みな載せざる所なり。此の薬（火薬）何れの時より始まり、何人より昉（始）まるかを知らず。意者（おも）ふに隋唐以後に在りては、西域より始まり、俗に謂ふ所の煙火（烟火、花火）なる者と同じく、中国に至りしならんか。

（2）方以智『物理小識』巻八、「火爆」の項、一六六四、
火薬自外夷来（火薬は外夷より来たる）。

（3）方以智『通雅』巻三十五、一六六六頃
古以石為砲。火砲起自外国。而中土伝之。
古は石を以て砲と為す。火砲は外国より起る。而して中土に之を伝ふ。

文　献

（1）Mme Nicolas-Vandier: Mission Paul Pelliot, Documents & Archéologiques Publiés sous les Auspices de l'Académie des Inscriptions et Belles-lettres, Bannières et Peintures de Touen-Houang Conservées au Musée Guimet, **14**, (Paris), 1974

（2）ibid. 1, **15**, 1976.

（3）王仁俊『格致古微』、巻二、一八九六

九　黒色火薬の発明による煙火、及び軍事火器

「宋代前期の爆竹」の項に記したように、竹を燃やす爆竹は宋代の一二〇〇年頃まで用いられていた。この竹を燃やす爆竹には宋代の後期にどのような進歩と、改良と、発展があったのであろうか。また、前に述べた『武経総要《ぶけいそうよう》』(一〇四四)に「火薬」として記された燃焼剤(焼夷剤)がどのようにして、いつ、硝石、硫黄、木炭を用いた爆発性の火薬に進歩発展したのであろうか。

宋代の後期になると、爆竹の名称とともに、爆仗《ばくじょう》、煙火《えんか》(烟火《えんか》、花火)などの名称が原典に屢みられるようになる。煙火の名称は隋代、唐代などにおいても散見されるが、その意味するところは焚火の煙、あるいは民家の竈の煙などを指すものである。宋代後期以降にみられる煙火は烟火とも書かれ、花火の類をさすことは、後述のように、その描写の状況から明白である。

清代の翟灝《てきこう》が著した『通俗編《つうぞくへん》』(1)(〜一七八八)には爆仗の名称について、「後世の人は紙を巻いて中に火薬を入れ、これを爆仗といっている。宋代以前の記録には見当たらない。(中略)これらの遊びは宋代になって、初めてできたのである」とあり、宋代になって爆仗ができ、また、後世には紙を用いて爆仗をつくっていたことを知ることができる。

前述のように、竹は中国では淮河《わいが》(淮水《わいすい》)以北には自生しない。淮河以北では紙を巻いて爆竹、

爆仗をつくり、また竹の自生地でも、後世には紙を用いて爆竹、爆仗などをつくっていた。例えば、陸容《りくよう》（一四三六～一四九九）が著した『菽園雑記《しゅくえんざっき》』(2)（～一四九九）には、次のようなことがあったと記されている。

永楽《えいらく》（一四〇三～一四二四）、宣徳《せんとく》（一四二六～一四三五）年間には、灯をかざりつける山車《だし》の煙火の費用を節約するために古い紙を用いていたが、その後は古い紙を用いなくなった。成化《せいか》（一四六五～一四八七）年間には、流星花火、爆仗などをつくるのに、すべて上質の高価な紙を用いたので、その費用は極めて高額なものとなった。

ここに記されているように、明代には流星花火も爆仗も紙を用いてつくっていたことを知ることができる。紙で爆竹、爆仗、煙火をつくることについては、(1)後述のように、宋代の王銍《おうちつ》（～一一五四頃）が著した『雑纂録《ざつさんろく》』（～一一五四頃）に、子供が娯楽に使う紙砲がある。(2)明代に書かれた『月令広義《げつれいこうぎ》』(3)（一六〇二）には「爆竹」について「今の人は紙を巻いて爆竹をつくり、これを砲熗《ほうしょう》といっている」とある。(3)前述の『通俗編』（～一七八八）にも紙を用いて爆竹、爆仗をつくっていたことが記されている。(4)『事物原会《じぶつげんかい》』(4)（一七九六）には「爆竹」について「後世の人は紙を巻いてこれをつくり、その中に硝石や硫黄をいれている」とある。(5)『清嘉録《せいかろく》』(5)（一八三〇）には「元旦に門を開けるときの爆仗」として、「呉（江蘇省）の風俗では、硫黄を紙に包んで、これを爆仗といっている」とある。(6)『清稗類鈔《しんはいるいしょう》』(6)（一九一七）には「爆竹」について「後世には火薬を紙で包み、火薬が爆発すれば、大きな音を発する。これを爆竹という」とあり、「烟火」については「紙で様々な人物をつくりだすものだ」とある。

一方、軍事用の火器としても、（1）宋軍は采石《さいせき》の戦い（一一六一）で霹靂砲《へきれきほう》を使用していたが、『誠斎集《せいさいしゅう》』などによれば、これは紙を用いてつくられていた。（2）李全（一二二一〜一二三一）の梨花槍《りかそう》（梨火槍）も『経国雄略《けいこくゆうりゃく》』によれば紙を巻いて筒をつくり、これに火薬をいれて使用していた。[7]（3）『金史』によれば、金軍は帰徳《きとく》の戦い（一二三二）で紙を巻いた筒をつくり、これを槍につけた火槍を使用していた。

すなわち、これら多くの原典から、後世には紙を巻いて爆竹、爆仗などとともに、火槍などの軍事火器をもつくっていたことを知ることができる。その理由は、紙筒は竹筒より軽いので持ち運ぶのに便利であり、数回の使用に耐えうることが経験上から分かってきたためと、考えられる。

それでは、この爆竹、爆仗、煙火（烟火、花火）などは、いつから、初めて火薬を用い始めたのであろうか。その最古の記録は明らかでないが、次の原典によってそれを推測することができる。

（一）宋代の本草書として、寇宗奭《こうそうせき》が著した『本草衍義《ほんぞうえんぎ》』[8]（一一一六）には、消石（硝石）について「よく煙火を打ち揚げることができるのは硝石だけである」とあるように、当時は火薬をつくるのに硝石を用い、また、煙火をつくり、そして、打ち揚げに使用していたことが伺われる。

(二) 孟元老（一〇九〇頃～一一五〇頃）は、一一〇三～一一二七年間に北宋の首都の汴京、すなわち現在の河南省開封《かいほう》市に居住していた。靖康《せいこう》の変（一一二六）のおり、金軍の攻撃に遭い難を逃れて南下し、揚子江下流の南岸、江東の地に移り住んだ。汴京の生活を懐かしんで『東京夢《とうけいむ》華録《かろく》』(9)を著した（一一四七）。その中に爆竹、爆仗、煙火などが次のように描写されている。

天子は、宝津楼《ほうしんろう》に登られ、室内の舞台では、各部隊がさまざまな演技を御覧にいれた。（中略）突然、雷のような大きな音が起こった。これを爆仗という。そうすると、蛮人の楯をもった者は退場し、煙火が数多く打ちだされた。お面をつけ、頭髪をふりみだして、鬼神の姿をした者が、狼のような牙をもった口から煙火を吐きながら登場した。（中略）場内を数回まわり、あるときは、地面に向かって、煙火の類を放った。また爆仗が鳴った。（中略）また、爆仗が鳴り、長い頬ひげのお面をつけ、緑の衣服を着て、沓《くつ》を履き、竹札を持った鍾《しょう》馗《き》のような姿の者がいた。（中略）また爆仗が響き、煙火が沸き起こった。人の顔は、見ることができないが、煙の中に七人ほどいた。（中略）また突然に爆仗の響きが起こり、また煙火があった。（中略）また爆仗の響きが起こると、演技をしていた者は、幕を巻いて退場した。

ここでは、爆仗は雷のような音を出すことが記されている。初期の爆仗は竹の筒の中に火薬をいれたものと推定され、竹を燃やす爆竹とその爆発音は変わらないが、建築物の中などでは野外よりも大きく感じたものと推察される。煙火は口から煙を吐きだすものもあれば、煙火を放った後、人の顔が見えなくなるほど煙が立ちこめるものもあるから、宋代後期の煙火と同様なものと推察される。ここに記された状況から、この爆仗および煙火は、黒色火薬を使ったものと推察される。

ここに記された『東京夢華録』は、すでに王鈴《おうれい》（Wang, Ling）教授の英訳がある（一九四七）。また、浜一衛氏の著した『日本芸能の源流』にもその一部が紹介されている。

また同じく『東京夢華録』(10)の「除夜」の項には「この夜、天子の御所では爆竹が鳴り響き、臣民が万歳を叫ぶ声が外に聞える」とある。陳元靚《ちんげんせい》の『歳時広記』の「除夜」の項にも、同じく『事林広記』にも「大晦日および除夜」と題して『〔東京〕夢華録』を引用して述べている。ここに記された爆竹は、竹を燃やす爆竹か、火薬を用いた爆竹か明らかでないが、当時、すでに火薬使用の爆仗があったことから、火薬を使用した爆竹と考えられる。

（三）明代になって田汝成《でんじょせい》の著した『西湖遊覧志余《せいこゆうらんしよ》』（一五八四）には「煻爆《ろくばく》三十盒《ごう》」が紹興《しょうこう》二十一年（一一五一）にあったと記されている。この「煻爆《ろくばく》」がどんな構造の花火か正確に知ることはできない。中国の近世、現代には「盒子《ごうし》」なる花火が行われているが、この「盒子」は、小さな厚紙の密閉した箱の中に「地老鼠《ちろうそ》」などの花火を入れたものである。この「煻爆」は「盒子」に導火線をつけたもので『武備志《ぶびし》』（一六二一）記載の「火磚《かせん》」と同様な構造と推定される（図十

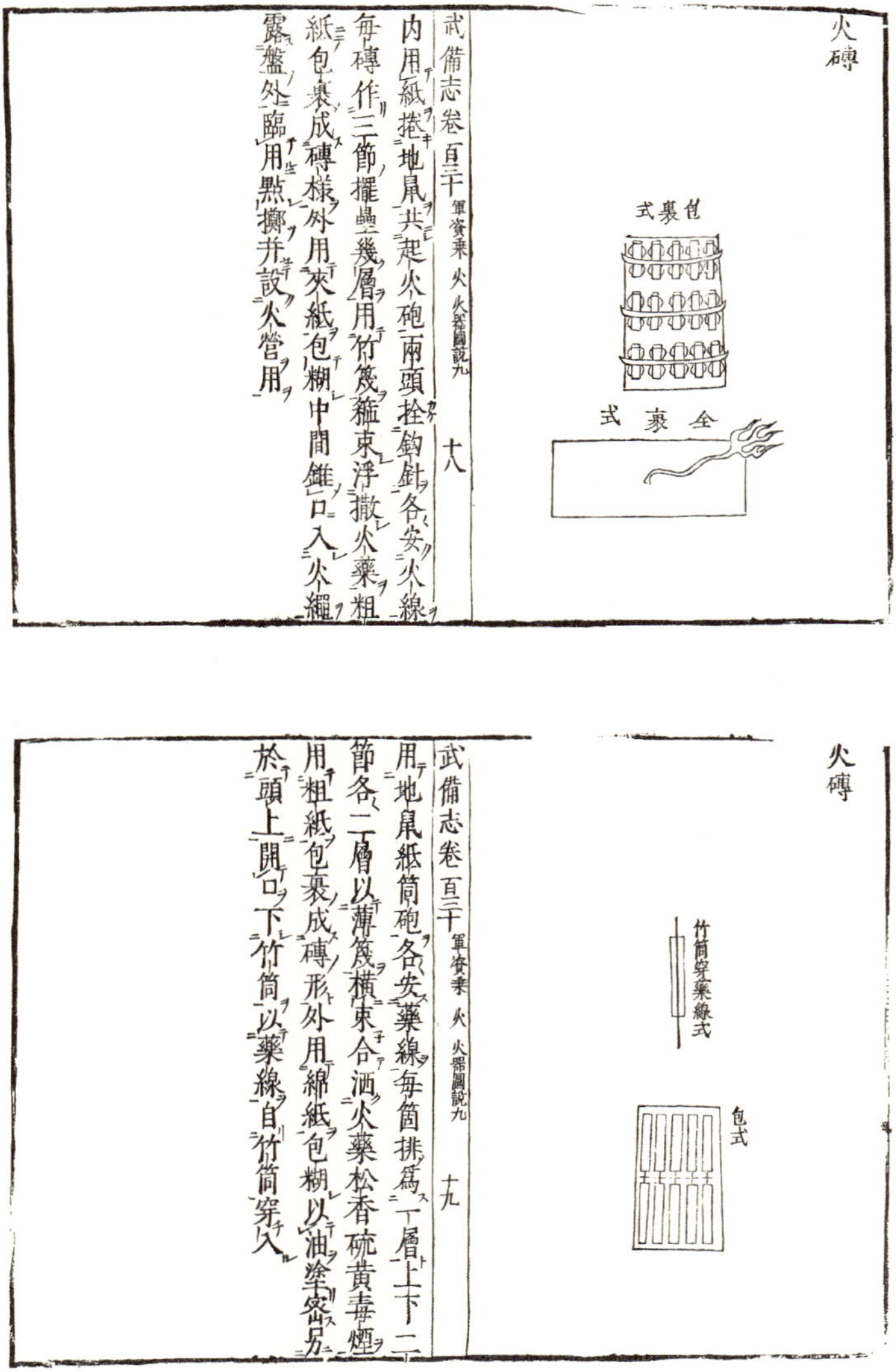

武備志卷百三十 軍資乘 火 火器圖說九 十八
内用紙捲地鼠共起火砲兩頭拴鈎針各安火線
毎磚作三節擺三幾層用竹篾箍束浮撒火藥粗
紙包裹成磚樣外用夾紙包糊中間錐口入火繩
露盤外臨用點擲并設火管用

武備志卷百三十 軍資乘 火 火器圖說九 十九
用地鼠紙筒砲各安藥線毎筒排爲一層上下二
節各二層以薄篾横束合洒火藥松香硫黄毒煙
用粗紙包裹成磚形外用綿紙包糊以油塗密另
於頭上開口下竹筒以藥線自竹筒穿入

図十三　火磚（『武備志』（1621）による）

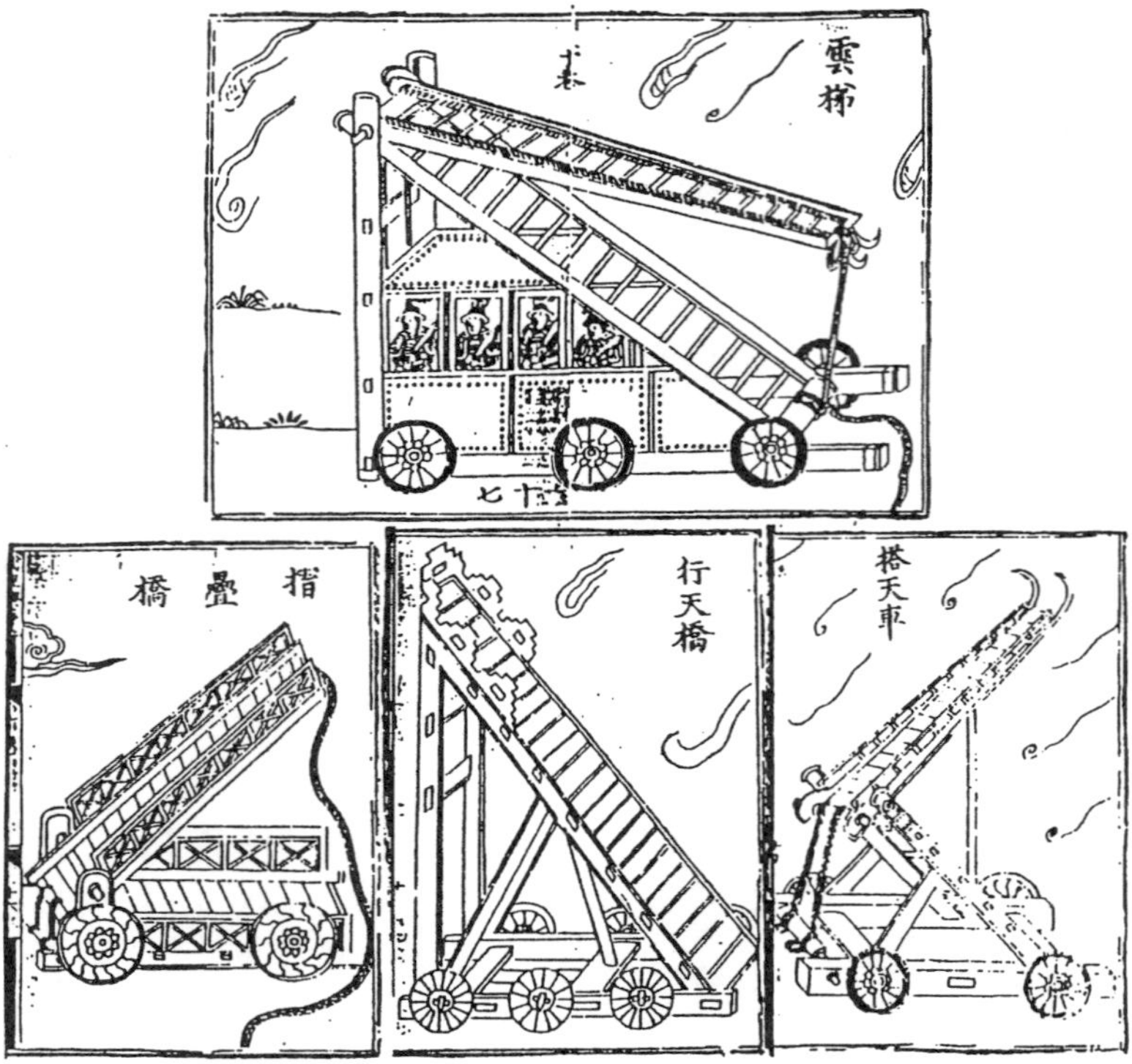

図十四　城に攻めこむ雲梯《うんてい》など（『武経総要』（1044）による）

中国の町は城壁で囲まれている。この城を攻めるには、城壁にとどく高さの戦棚《せんぼう》（雲梯《うんてい》、搭天車《とうてんしゃ》、行天橋《こうてんきょう》、摺畳橋《しょうじょきょう》など）を城につけ、これから城のなかへ攻めこむのである。これらの器具は木製であるので、陳規は城壁の上から点火した藁束の火牛を投げて、雲梯などを焼き払うとともに、これらの城攻めの器械にいる敵兵を焼き討ちにした。また、城門から出撃し、雲梯などを動かす敵兵、および城を攻める兵を火槍で撃退した。このような戦法により、敵兵は退却した。

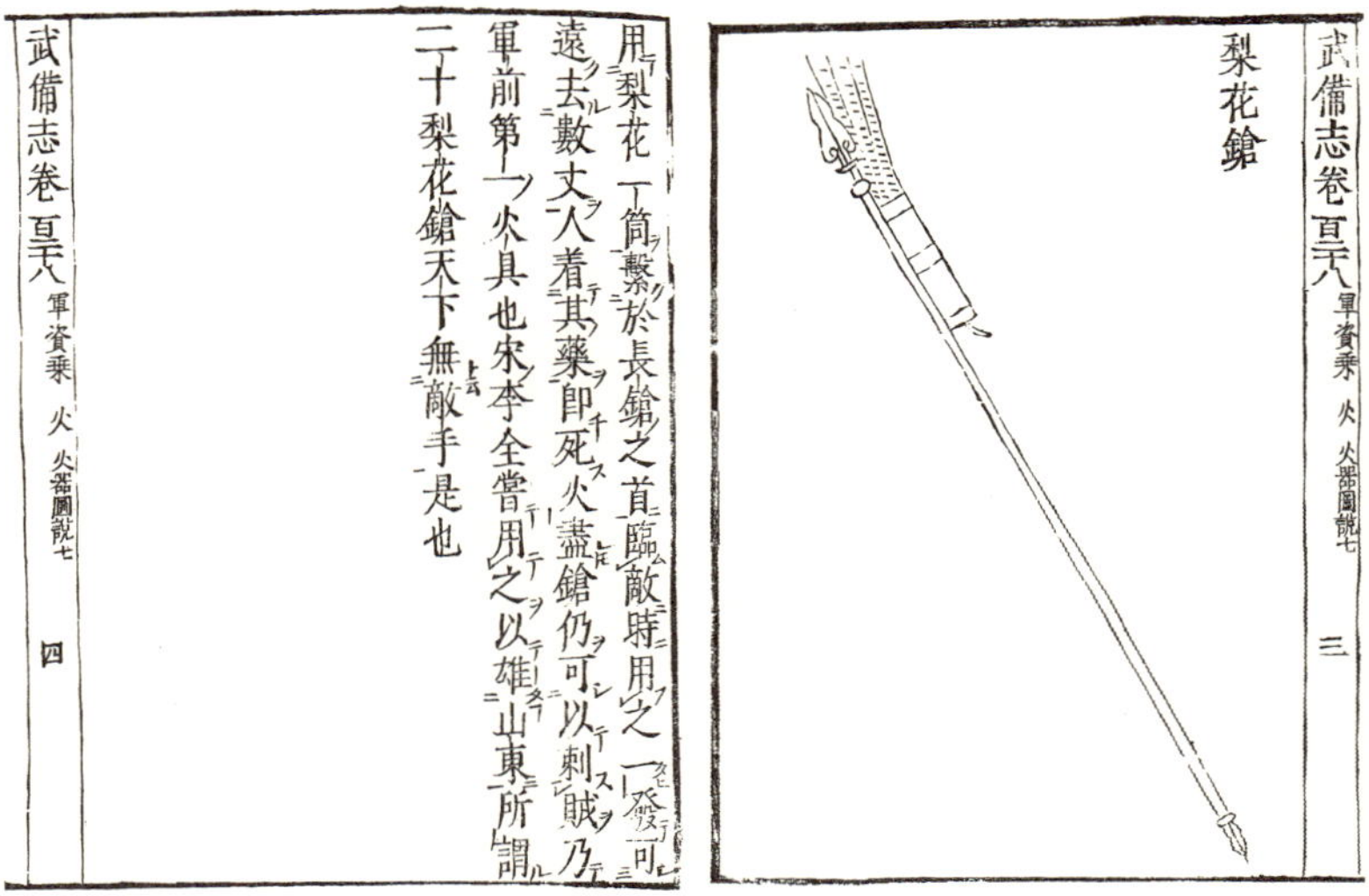

用梨花一筒繫於長鎗之首臨敵時用之一發可遠去數丈人着其藥即死火盡鎗仍可以刺賊乃軍前第一火具也宋李全嘗用之以雄山東所謂二十梨花鎗天下無敵手是也

図十五　火槍（『武備志』（1621）による）

三)。

(四) 前述のように、黒色火薬を用いた煙火と推定されるものは、王銍《おうちつ》(～一一五四頃)の著した『雑纂録《ざつさんろく》』(11)(～一一五四頃)にある。『雑纂録』の「また愛し、また恐れる」という項には「小児は雑劇を見る。小児は紙砲を放つ」とある。この「紙砲」は紙の巻き筒の一方を密閉し、その中に黒色火薬をつめた、いわゆる子供が使用する打ち揚げ花火と推定される。

中国における火薬使用の爆竹、爆仗、煙火についての記述としては『東京夢華録』以前のものは明白ではない。これは、前述の硝石についての『本草衍義』(一一一六)の記述と年代がほぼ一致しており、これら一一〇〇年頃の記述が最古のものと推定される。この火薬が実用化されるようになって、火薬兵器と、火薬を用いた爆竹、爆仗、煙火など、どちらが先につくられたか正確には明らかではない。それでは、このような軍事用の火器に初めて火薬を使用したのは、いつ、どこで、どのように、行われたのであろうか。その最古の記録は明らかではないが、次の原典によってそれを推測することができる。

群盗の李横《りおう》が湖北省安陸《あんりく》県、すなわち当時の徳安府《とくあんふ》を囲んだとき（～一一三二）、陳規《ちんき》（一〇七二～一一四一）はこの城の防戦に火槍を用いて奮闘した。当時のくわしい様子は、陳規自らが著した『守城録《しゅじょうろく》』[12]（一一七二）、あるいは徐夢莘《じょぼうしん》（一一二六～一二〇七）の著した『三朝北盟会編《さんちょうほくめいかいへん》』[13]（一一九六）、あるいは李心伝《りしんでん》（一一六六～一二四三）の著した『建炎以来繫年要録《けんえんいらいけいねんようろく》』[14]（一二一〇）に記され、ほぼ同様のことが『宋史《そうし》』（一三四五）、明代になって銭士升《せんししょう》（～一六六八）の著した『南《なん》宋書《そうしょ》』（一六五〇頃）などにも記されている。

『守城録』には次のように記されている。

> また、火砲薬を使って、長い竹竿で火槍二十余本をつくりあげた。竹竿の先に、各々数本の槍先や鎌などをつけ、みな二人で一本の火槍を持って、敵の攻め込む天橋《てんきょう》に備えた。敵が城に近づいたときに、戦場のあちらこちらで使用した。

また『三朝北盟会編』には、紹興二年（一一三二）五月十八日に次のことがあったと述べられている。

陳規は六十人を率いて、火槍を持って、城の両門から出陣し、ほしいままに敵を攻撃した。城の上からは、藁束などを束ねて点火した火牛を投げて援護し、敵の攻め込む木製の橋を焼いた。

また『建炎以来繋年要録』には次のように記されている。

陳規は六十人を率いて、火槍を持って城の西門から出て、敵の攻め込む橋を焼いた。城の上からは火牛を用いて援護した。

（ここに『三朝北盟会編』では、「城の両門から出陣し」とあり、『建炎以来繋年要録』、『宋史』、『南宋書』では「城の西門から出て」としている）

『三朝北盟会編』、『建炎以来繋年要録』、『宋史』、『南宋書』からは、火槍の具体的な構造を知ることはできないが、『守城録』、及び『経国雄略《けいこくゆうりゃく》』によれば、長い竹竿の節、二つか三つを取り去り、そのなかに「火砲薬」すなわち、火薬をつめ、その先端から火薬がこぼれないように、紙などで栓をする。これに導火線をつけ、これに槍や鎌をつけて戦場に臨み、敵に遭遇したとき、まず火薬に点火して、その火焔で敵を焼き払い、その後に槍や鎌で敵兵を殺傷することが行われたと推定される。しかしながら、「火砲薬」とは、どのような成分か明らかではないし、当時のほかの原典にも「火砲薬」は記されていない。陳規は、その頃に初めてできた爆発性の火薬、すなわち黒色火薬を「火砲薬」と記したものと考えられる。

この火槍はどのような経緯でつくられたか明らかではないが、「吐火《とか》」、「火筒《かとう》」、あるいは「敦《とん》煌《こう》発見の旗に描かれた火槍」のような構造物の知識が伝わってつくられたものと推定される。この火槍は後世には李全《りぜん》の梨花槍《りかそう》（梨火槍）（一二一一～一二三一）、金軍の火槍（一二三二）、金軍の飛火槍《ひかそう》（一二三一、一二三三）、宋軍の突火槍《とっかそう》（～一二五九）などへと発展していったのである。

これらの中国で起きた事件や出来事などが、すべて古典に正確に記録されているわけではなく、すべての原典が現存するとは限らない。さらには、本稿が現在、存在するすべての史料を網羅しているわけでもないが、次のことは紛れもない事実である。

（1）中国では、竹を燃やす爆竹が一二〇〇年頃まで用いられてきた。

（2）一方、この竹を燃やす爆竹は、一二〇〇年頃までには火薬を用いた爆竹、爆仗、煙火（烟火、花火）へと発展している。

（3）『本草衍義』（一一一六）が書かれた一一〇〇年頃には、硝石、硫黄および木炭を使用して火薬をつくり、煙火をつくったものと推定される。

（4）一一〇三～一一二七年のことを記した『東京夢華録』（一一四七）の爆仗、煙火、および爆竹は、火薬を用いたと推定される。

（5）『西湖遊覧志余』（一五八四）には「熝爆三十盒」が紹興二十一年（一一五一）にあったと記されている。

(6)『雑纂録』(〜一一五四頃)には小児の紙砲が記されている。

(7)『武経総要』(〜一〇四四)に、硝石、硫黄、植物油を混合し「火薬」と記された燃焼剤は、硝石、硫黄、木炭を用いた爆発性の火薬へといつしか発展したと考えられる。更に前述の『雑纂録』に記された子供の紙砲、後述の金の鉄李が用いた火缶《かかん》(〜一一八九)、このほか、宋の李全《りぜん》の梨火槍《りかそう》(梨花槍)、金軍の用いた鉄火砲《てつかほう》、震天雷《しんてんらい》、飛火槍《ひかそう》、火槍《かそう》などに、爆発性の火薬を用いたことは紛れもない事実である。

(8)陳規の使用した火槍は、火薬を用いたものと推定される。

すなわち、中国では西暦一一〇〇年頃に、娯楽に用いる爆竹、爆仗、煙火(烟火、花火)がつくられ、ほぼ時を同じくして、軍事に用いる火槍がつくられていたのである。

中国における黒色火薬の実用化の時期を、正確には明らかにすることはできない。しかしながら、(1)寇宗奭の著した『本草衍義』(一一一六)には、硝石について「よく煙火を打ち揚げることができるのは硝石だけである」とある。(2)孟元老(一〇九〇頃〜一一五〇頃)の著した一一〇三〜一一二七年間の北宋の首都、汴京、すなわち現在の河南省開封市のことを記した『東京夢華録』(一一四七)には、爆竹、爆仗、煙火(烟火、花火)などが記されている。(3)また陳規(一〇七二〜一一四二)が使用した火槍などもあった。

すなわち、火薬が、いつ、どこで、どのように、具体的な方法でつくられたか、といったことを記載した古文書や資料があるわけではない。しかしながら、これらの爆竹、爆仗、煙火、火槍、火缶、鉄火砲、震天雷などの火器は、爆発性の火器でなければ、このように使用され、また、このように記録されていなかった筈である。したがって、中国における黒色火薬の発明とその実用化は、西暦一一〇〇年頃、すなわち十二世紀の初頭とするのが妥当であると考えられる。

中国以外の国の火薬の使用の始まりは、すべて十二世紀以降である。(1)ドイツでは、十三世紀の初期である。(2)イスラム教国では、十三世紀の半ば前後となる。(3)インドでは、十三世紀の半ば以降となる。(4)イングランドでは、十三世紀の半ば前後である。(5)イタリアでは、十三世紀の終りにヨーロッパ最初の花火が打ち揚げられていた。これらは、中国の火薬と火器が伝播したものと推察される。これについては、別の機会に論ずるが、この事実は、黒色火薬が世界最初に中国でつくられたことを実証するものである。

このように西暦一一〇〇年頃に黒色火薬の発明と、その実用化は完成した。しかしながら、この事実が現存する史料に記されていないのは何故であろうか。

(1)黒色火薬の発明と、その実用化は技術者が行い、歴史家などの文人には知られていなかった。(2)その記録は歴史家などの文人の目にふれなかった。(3)たまたま歴史家はそれを知っても、その事実を重要な事柄として記録に残さなかった。(4)この記録は、かってはあったかもしれないが、戦乱などのために散逸してしまった。(5)この記録は、実は古文書などとして現存しているが、現代人の目にふれていない、などのことが推定される。

前述のように、陳規の『守城録』からは、火槍の具体的な構造と、使用方法の片鱗を知ることができる。これは、陳規が徳安城の指揮官をしていた武人であるとともに、文人でもあり、偶然記録を残したにすぎない。また、前述のように『武経総要』に「火薬」と記されているものは燃焼剤である。しかしながら、王銍の『雑纂録』に記された紙砲、陳規の火槍、後述の金代に鉄李が用いた火缶などには、火薬を用いたことは明記されていないが、火薬を使った火器であることは疑う余地はない。これらの火器に火薬を用いた否かは、その状況から客観的に判断し結論すべきであると考えられる。

南宋の時代には、采石《さいせき》の戦い（一一六一）以後、数十年にわたり政情が安定していた。この時期に、これらの爆竹、爆仗、煙火がどのように使われ、どのような構造の花火に進歩し発展していったのであろうか。次にこれを探ってみよう。

注

（1）翟灝『通俗編』巻三十一、「俳優」の項、一七八八
後人巻紙為之。称曰爆仗。前籍未見。（中略）此等戯倶自宋有之也。
後人は紙を巻きて之を為（つく）る。称して爆仗と曰ふ。前籍（宋代以前の記録）には未だ見え

ず。（中略）此れ等の戯は倶に宋より之れ有るなり。

（2）陸容『菽園雑記』巻十二、～一四九九
永楽宣徳間、鼇山烟火之費、亦兼用故紙、後来則不復然矣。成化間、流星爆仗等作、一切取撈紙為之。其費可勝計哉。

永楽（一四〇三～一四二四）宣徳（一四二六～一四三五）の間、鼇山（灯をかざりつけた山車）、烟火（花火）の費（費用）は、亦故紙（古い紙）を兼ね用ひ、後来（その後）は則ち復たは然（しか）せず（費用を節約するために古い紙を用いていたが、その後は古い紙を用いなくなった）。成化（一四六五～一四八七）の間、流星、爆仗等を作るに、一切、撈紙を取りて之を為る（すべてよくすき返した高価な紙を用いてつくった）。その費は、計（かぞ）ふるに勝（た）ふべけんや（その費用はかぞえきれぬほど極めて高額なものであった）。

（3）馮応京『月令広義』巻五、「爆竹」の項、一六〇二
今人以紙製爆竹、倣之又名砲熗（今人は紙を以て爆竹を製し、之に倣ひて又砲熗と名づく）。

（4）汪汲『事物原会』巻三十七、「爆竹」の項、一七九六
後人束紙為之、納以硝磺（後人は紙を束ねて之を為り、納（い）るるに硝磺を以てす）。

（5）顧録『清嘉録』巻一、「開門爆仗」の項、一八三〇
呉俗紙裹硫磺曰爆仗（呉の俗、紙もて硫磺を裹（つつ）むを爆仗と曰ふ）。

（6）徐呵輯『清稗類鈔』物品類、一九一七
「爆竹」の項、「後世以紙裹火薬、爆火発声、亦称爆竹」（後世は紙を以て火薬を裹み、爆火して声を発するも、亦爆竹と称す）。

「烟火」の項、「或以紙製成種種人物」（或いは紙を以て種々の人物を製成す）。

（7）鄭大郁『経国雄略』巻六、一五二五
梨花鎗者、用梨花一箇、繋於長鎗之首、臨敵一発、可去遠数丈。人馬触之、則害目奪気、火尽而鎗仍可以刺賊。

梨花之製、捲紙為筒、如元宵戯翫花火之類。但火薬毒烟大小之式、与戯翫者不同耳。如稍加損益、多其烟毒、可禦北方胡馬。用以夜戦尤妙。

梨花鎗は、梨花一個を用（もっ）て、長鎗の首に繋（か）け、敵に臨んで一たび発すれば、数丈に去り遠（とお）ざくべし。人馬これに触るれば、則ち目を害し気を奪ひ、火尽くるも、而（しか）も鎗、仍（な）ほ以て賊を刺すべし。

梨花の製、紙を捲きて筒を為（つく）ること、元宵の戯翫花火の類の如し。ただ火薬、毒烟、大小の式、戯翫なる者と同じからざるのみ。如（も）し稍（やや）損益を加へ、その烟毒を多くせば、北方の胡馬を禦ぐべし。用ふるに夜戦を以てすれば、尤（もっと）も妙なり。

ほぼ同様のことが『武備志』（巻百二十八）、『三才図会』（器用六巻）などにも記されている。

(8) 寇宗奭『本草衍義』巻四、消石(硝石)の項、一一一六
惟能発煙火(惟だ能く煙火を発するのみ)。

(9) 孟元老『東京夢華録』巻七、一一四七
駕登宝津楼、諸軍呈百戯
駕登宝津楼、諸軍呈百戯、呈於楼下。(中略)忽作一声如霹靂。謂之爆仗。則蛮碑者引退、煙火大起。有仮面被髪、口吐狼牙煙火、如鬼神状者上場。(中略)遶場数遭、或就地放煙火之類。又一声爆仗。(中略)
又爆仗一声、有仮面長髯、展裹緑袍韡簡、如鍾馗像者、(中略)又爆仗響、有煙火就湧出。人面不相覩、煙中有七人、(中略)忽有爆仗響、又復煙火。(中略)又爆仗響巻退。(以下略)

駕(天子)、宝津楼に登り、諸軍は百戯を呈す
駕、宝津楼に登り、諸軍は百戯して、楼下に呈す。(中略)忽ち一声霹靂の如きを作(おこ)す。之を爆仗と謂ふ。則ち蛮牌者(えびすの楯をもった者)は引き退き、煙火(烟火、花火)、大いに起こる。仮面(お面)被髪(頭皮をふりみだし)し、口に狼牙の煙火を吐き、鬼神の状の如き者の上場(登場)する有り。(中略)場を遶(めぐ)ること数遭(数回)、或いは地に就きて煙火の類を放つ。又一声の爆仗あり。(中略)
又爆仗、一声すれば、仮面、長髯(長いほおひげ)もて、緑袍、韡(くつ)簡(竹ふだ)を展裹

することと、鍾馗の像の如き者有り。（中略）又爆仗響き、煙火の就（すなわ）ち湧出する有り。人面、相覩えず、煙中に七人有り、（中略）忽ち爆仗の響き有り、又復た煙火あり。（中略）又爆仗響き〔幕を〕巻きて退く。（以下略）

（10）前掲『東京夢華録』巻十、「除夕」の項
是夜禁中爆竹山呼声、聞于外（この夜、禁中（天子の御所）、爆竹、山呼の声、外に聞ゆ）。

（11）王銍『雑纂録』、「又愛又怕」の項、〜一一五四頃
小児看雑劇、小児放紙砲（小児、雑劇を看（見）て、小児、紙砲を放つ）。

（12）陳規『守城録』巻四、一一七二
又以火砲薬、造下長竹竿火槍二十余条、撞鎗鉤鎌各数条、皆用両人共持一条、準備天橋。近城於戦棚上下使用。

又、火砲薬を以て、長竹竿の火槍二十余条を造下（つくりな）し、槍、鉤鎌（かま）、各〻数条を撞し、皆両人（二人）を用（もっ）て、共に一条を持せしめ、天橋に準備す。〔敵が〕城に近づけば、戦棚の上下に於て使用す。

（13）徐夢莘『三朝北盟会編』紹興二年五月十八日の項
規以六十人、持火槍自両門出、縦焼天橋。城上以火牛助之。

規は六十人を以（ひきい）て火槍を持し両門より出で、縦（ほしいまま）に天橋を焼く。城上、

火牛を以て之を助く。

(14) 李心伝『建炎以来繫年要録』巻五十七、一一二〇
規以六十人、持火鎗自西門出、焚其天橋。城上以火牛助之。

規は六十人を以て、火槍を持し西門より出で、其の天橋を焚く。城上、火牛を以て之を助く。

文献

(1) 楊万里『誠斎集』巻四十四、一二〇八
(2) 脱脱『宋史』巻四百七十六〜七、一三四五
(3) 脱脱『金史』巻百十六、一三四四
(4) Wang, Ling.:"On the Invention and Use of Gunpowder and Firearms in China" I'sis, **37** (Pt. 3 & 4), 160. 1947.
(5) 浜一衛『日本芸能の源流』散楽考、角川書店、一九六八
(6) 陳元靚『歳時広記』巻四十、「守歳夜」の項、〜一二六六
(7) 陳元靚『事林広記』巻四、「除日、除夜、徐夕、歳徐」の項、〜一二六六
(8) 田汝成『西湖遊覧志余』巻三、一五四八
(9) 茅元儀『武備志』巻百三十、一六二一

(10) 前掲『宋史』巻三百七十七
(11) 銭士升『南宋書』巻二十六、一六五〇頃
(12) 前掲『金史』巻百十三
(13) 前掲『宋史』巻百九十七

十　宋代後期の爆竹、爆仗、煙火

前述のように、中国では黒色火薬が一一〇〇年頃に実用化された。これによって火薬を用いた爆竹、爆仗、煙火（烟火、花火）などが製造、使用されるようになった。これらは宋代の後期にどのような進歩と発展を遂げたのであろうか。

周密《しゅうみつ》（一二三二～一三〇八）が南宋の首都臨安《りんあん》、すなわち現在の杭州市のことを記した『武林《ぶりん》旧事《きゅうじ》』[1]（一二九〇頃）、同じく周密が著した『乾淳歳時記《けんじゅんさいじき》』（一三〇〇頃）や『乾淳起居注《けんじゅんききょちゅう》』（一三〇〇頃）、及び明代の田汝成《でんじょせい》が著した『西湖遊覧志余《せいこゆうらんしよ》』（一五八四）、陳継儒《ちんけいじゅ》（一五五八～一六三九）の著した『辟寒部《へきかんぶ》』（～一六三九）、清代の粛智漢《しゅくちかん》が著した『（新増）月日紀古《げつじつきこ》』（一七九四）、秦嘉謨《しんかぼ》の著した『月令粋編《げつれいすいへん》』（一八一二）などには、淳熙《じゅんき》七年（一一八〇）に爆仗が宮中の年越しに用意されたと、次のように記されている。

淳熙七年十二月二十八日に、皇居では宮殿の係官が、薬の係官と後宮の係官を派遣し、東西の両宮殿への献げ物として、年越しのための食事、演劇、配って持ち帰ってもらうお金や、徹夜で劇を見ながら食べるお菓子、あやにしきでつくったカレンダー、鍾馗《しょうき》さん、爆仗、ようかん、お酒、葦で作った高さ一メートル位の牛、花の咲いている枝などの準備と保管を命じた。

ここに記された爆仗は、年越しに用意されたことを知ることができる。

前述の周密が著した『武林旧事』に、煙火、爆仗などが行われたと、次のように記されている。

（一）「元日の正午」（陰暦一月十五日の正午）(2) の項を見ると、次のような行事が記されている。

『乾淳歳時記』にも同文が記されていることから、乾淳《けんじゅん》年間、すなわち乾道《けんどう》（一一六五～一一七三）、淳熙《じゅんき》（一一七四～一一八九）年間に行われたものと考えられる。

午後になって、宮廷の内務官は、夜の宴会の準備を慶瑞殿《けいずいでん》に並べ整えた。夜は例年の通りに煙火をあげ、町で売っている食物を進め、観灯の行事をした。

これを見ると、元日の夜に煙火、すなわち花火を行っていたことを知ることができる。

（二）また「元日の夜」(3) の項には次のことがあったとして記されており、これとほぼ同文が『西湖遊覧志余』（一五八四）には一一八六年のこととして記されている。

これに先だって臨安の長官は、予め清らかな美女や、すぐれた歌い手を選び、外に待機させていた。続いて大声で歌をうたい競い合うことが行われた。天子の到着とともに、宮中の女官達が、歌い手達を争って買い、また数倍の値段で売り、歌い手達を売ったり買ったりし、金色の珠はあちらこちらで取引され、一晩で金持ちになる者もいた。

すでに時間はかなり遅くなっていて、初めて「煙火の百余架《ひゃくよか》」を放つことを宣言すると、音楽が四方から起こり、提灯の明りが縦横にゆれ、皇帝は漸く帰られて、その仕掛け花火などの行事を御覧になった。

ここに「煙火の百余架」すなわち、仕掛け花火が行われたことを知ることができる。

(三)同じく「元日の夜[4]」の項には次のことがあったと記されている。『乾淳歳時記』、『西湖遊覧志余』にもほぼ同文が記されている。『乾淳歳時記』に記されているので、乾淳(一一六五〜一一八九)年間に行われたことを知ることができる。また『西湖遊覧志余』によれば一一八六年のこととされる。

清河県《せいが》(江蘇省淮陰市《わいいん》)張府《ちょうふ》の蔣《しょう》の薬屋さんの家では、優美で上品な遊戯や煙火を設け、花が咲いている水際に灯燭が燦然と輝いていた。この風景をたしなむ貴人の愛好家や美女達は、勝手気儘に観ることができた。その家では、これらの人々を門の中に迎え入れ、酒を酌んで接待した。

当時、元日の夜、「清河県張府の蔣の薬屋さん」では花火を行い、これを身分の高い人に鑑賞させ、また酒をふるまっていたことを知ることができる。

(四)「天子が西湖に遊びのために行幸され、都の人も遊ぶ[5]」の項には、淳熙(一一七四〜一一八九)年間に次のことがあったと記されている。また『西湖遊覧志余』にもほぼ同文が記されて

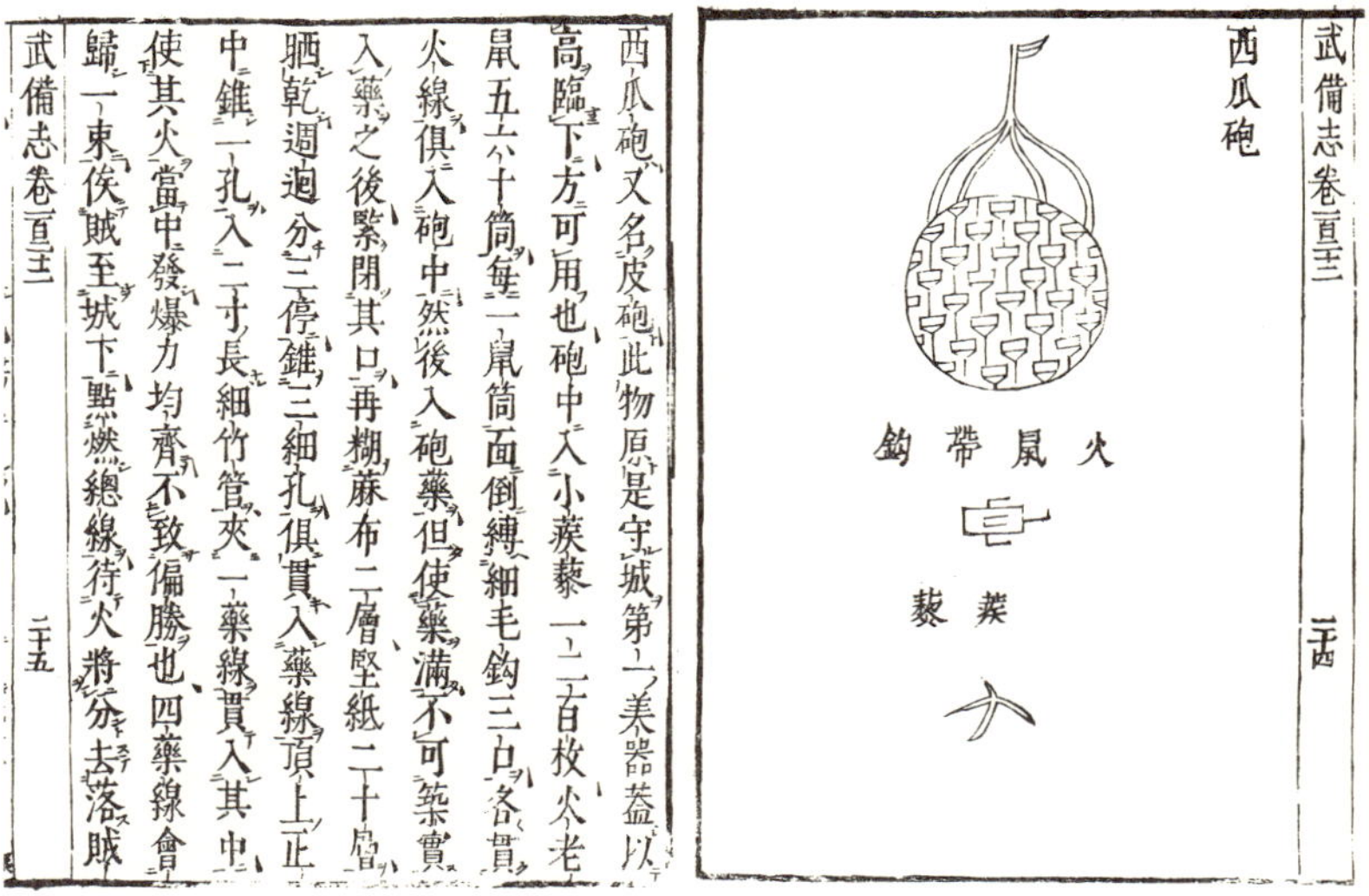
西瓜砲又名皮砲此物原是守城第一美器盖以高臨下方可用也砲中入小蒺藜一二百枚火老鼠五六十筒每一鼠筒面倒縛細毛鈎三口各貫火線俱入砲中然後入砲藥但使藥滿不可築實入藥之後緊閉其口再糊蔴布二層堅紙二十層晒乾週迴分三停錐三細孔俱貫入藥線頂上正中錐一孔入二寸長細竹管夾一藥線貫入其中使其火當中發爆力均齊不致偏勝也四藥線會歸一束俟賊至城下點燃總線待火將分去落賊

武備志卷百三　二十五

図十六　西瓜砲（『武備志』（1621）による）

いる。

笛や琴などの演奏や、様々な花火、起輪《きりん》花火、走線《そうせん》花火、流星《りゅうせい》花火、水爆《すいばく》花火などは無数にある。

ここに起輪花火、走線花火、流星花火、水爆花火などが無数にあったことを知ることができる。起輪花火はどんな構造の花火か正確には明らかではないが、当時「皮大《ひたい》砲《ほう》」、すなわち「西《せい》瓜《か》砲《ほう》」があった（一六二一）ので、このような構造物を使用したものと推定される（図十六）。また、流星花火は軍事の通信の手段としても用いられていた（一二七二）。これは当時、花火としての流星がかなりよく行われていたことを物語るものである。また水爆は後述のように軍事演習のおりにも用いられていた。このように各種の花火が無数に行われていたことを知ることができる。

（五）前と同じ様に「天子が西湖に遊びのために行幸され、都の人も遊ぶ[6]」の項には次のことがあったと記されており、これとほぼ同文が『西湖遊覧志余』には一一八七年のこととして記されている。

橋の上の少年達は競って紙の凧を揚げ、互いに引きよせ、また、互いに引きあって、凧の糸をはさみ切り、糸の切れた者を負けとする遊びをしていた。この遊びは特殊な技を必要とした。爆仗、起輪花火、走線花火などが無数に行われ、あたりが暗くなって、月の光が照らすようになって、少年達は初めてやっと散り散りに帰って行った。

前述と同じように起輪花火、走線花火などが行われたことを知ることができる。清代の翟灝《てきこう》が著した『通俗編《つうぞくへん》』[7]（〜一七八八）は、爆竹について述べ、更に『武林旧事』を引用し、次のように述べている。

『武林旧事』にいうには「西湖に少年達がいた。競って爆仗を放ち、また様々な花火、起輪花火、走線花火、流星花火、水爆花火等の戯を行っている」と。（中略）これ等の戯は、すべて宋代になって初めてできたものである。

すなわち翟灝は、爆仗、起輪花火、走線花火、流星花火、水爆花火などは宋代に初めてできたと述べている。

（六）「大晦日」[8]の項には爆仗について次のように記されている。また『乾淳歳時記』にも同文が記され、『西湖遊覧志余』にもほぼ同様のことが一一八六年のこととして記されている。

爆仗には果物や人物等の形を描き出すものがある。それは一種類ではなく、宮殿の係官が寄付した屏風は、外に鍾馗さんが鬼を捕える画を描きだす。しかもその中に導火線があり、一度火をつければ、百余の仕掛け花火が連なって爆発しながら燃え、見る目を休ませることはない。笛を吹き、太鼓を打って新春を迎え、時を告げる人はそれを知らせ、水時計の水位は次第に移動し、宮殿の門は既に開かれている。

また『通俗編』[9]では『武林旧事』を引用し、次のように述べている。

『武林旧事』にいうには「大晦日に爆仗がある。それは果物や人物等の類をつくりだす。宮殿の係官が、寄贈した仮の屏風は、その中に導火線があり、一度火をつければ、百余の仕掛け花火が次次に点火され、絶え間なく燃え続ける」と。思うに、これらの遊びは、宋代になって初めて、つくられたものである。

すなわち翟灝《てきこう》は、これらの爆仗などが宋代に初めてできたと述べている。当時の爆仗は竹の中へ火薬をつめ、これを爆発させるといったものではなく、果物や人物の形をつくる仕掛け花火であったことが分かる。また、ここに記された「屏風」はそのような構造をしていることが伺われる。点火することにより百個に近い仕掛け花火が、順次に爆発燃焼したことを知ることができる。

ここに記された爆仗については、清代の秦嘉謨《しんかぼ》が著した『月令粋編《げつれいすいへん》』（一八一二）にも「爆仗屏風」として記されている。

（七）更に「除夜の行事[10]」の項には次のことが記されている。ほぼ同様のことが『乾淳歳時記』、『西湖遊覧志余』にも記されており、『西湖遊覧志余』によれば淳熙（一一七四〜一一八九）年間の出来事とされる。

夜になって、おがらを燃やす行事や、松柴を積んで焼く行事をして、この火の光が夜空に紅く映え、爆竹と太鼓や笛の音が騒がしいまま夜を徹す、この行事を「聒庁《かつちょう》」という。

更に前述の竹を燃やす爆竹にも登場した楊瓚《ようさん》の詞を次のように紹介している。

年越しの詞は多くあるが、よい詞を選びだすことは極めて難しい。その中でも楊守斎《ようしゅさい》（楊瓚《ようさん》）の「一枝の春」は、最近では最も褒める人が多い。併せてここに記していえば、「爆竹は春を驚かし、騒がしさを競いあって、夜は数多くの家から笛や太鼓の音が起こる」と。

当時の爆竹の行事は除夜の遅くまで続き、笛や太鼓の音楽とともに大変さわがしかったことを知ることができる。

（八）前述のように、淳熙七年（一一八〇）には爆仗があったことが記されている。

（九）このほか、『武林旧事[11]』には町の市場で売っている商品の中に「煙火」などもある。すなわち、煙火を町の中で売っていたことを知ることができる。

朱熹《しゅき》（一一三〇～一二〇〇）の語録として有名な『朱子語類《しゅしごるい》』（～一二〇〇）には、爆仗、煙火などが次のように記されている。

（一）朱熹の弟子の李方子《りほうし》の意見(12)として、当時の爆仗を次のように記している。

雷は今の爆仗のようである。欝積が爆発して、ほとばしり飛び散るものである。

これは当時の爆仗が、雷のような大音響を発したことを記したものである。

（二）また朱熹の門人の曼淵《かんえん》の意見として(13)次のように記されている。

雷の鳴る音は、今の爆仗が響くのと同じくらい大きい。

すなわち前述のように、当時の爆仗は雷のような大音響を発したことを記したものである。

（三）爆仗が妖気を絶やすために使われた一例として(14)、次のようなことがあったと記されている。

田舎のスパイに李三《りさん》という者がいた。死んで疫病神となった。この田舎に祭ごとや仏事があれば、必ず李三のために一人前を設けてお供えをした。道家の潔斎法《けっさいほう》や、道士が祭壇を設けて祭るおり、あるとき、李三の一人前を設けなかったら、お供えをした食物は、尽く李三の妖気のために汚された。

後になって、人々は爆仗を放って、李三の妖気が宿っていた樹を焚くことによって、李三の妖気は遂に絶えた。これについて朱熹が論評していうには、「これは李三が災にあって死んだために、その妖気がまだ消え失せないでいたのが、爆仗に驚いて、散り失せたのである」と。

この記述については、祝穆《しゅくぼく》の著した『事文類聚《じぶんるいじゅう》』（一二四六）にも「爆仗は鬼を驚かす」として『朱子語類』を引用し、ほぼ同様のことが述べられている。

（四）更に花火について[15]次のように記されている。

人を欺くのは、まるで鬼を装って戯れ、花火を放つことに似ている。何故かといえば花火の煙はしばらくの間、人の眼を遮るからである。

すなわち当時の花火は、おびただしく煙を発散したことを記したものである。

また当時は煙火がよく行われていた。前述の朱熹の詩文を集めた『朱文公文集《しゅぶんこうぶんしゅう》』[16]（～一二〇〇）には次のようなことがあったと記されている。

唐仲友《とうちゅうゆう》が婺州《ぶしゅう》（浙江省金華県）を治めていたとき、その近隣に周四《しゅうし》という者がいた。その人は花火の揚げ方を心得ていて、その妻は碁の打ち方を知っていた。仲友はそこに招かれて、州の会合をし、その度にこれらの遊びをすることを許していた。そして毎回、公庫のお金やお酒を、十余貫余りも支払った。その総額は数百貫にも達した。仲友の妻も常にその会に出入して碁を打っていた。仲友は花火を揚げることを人に委せ、世間の評判に探りを入れていた。

また次のようにも記されている。[17]

唐仲友の婺州の隣人に周四という者がいた。本名は花康成《かこうせい》である。花火の揚げ方を知っており、その妻はよく碁の打ち方を心得ていた。仲友は招かれて、宴会がある毎に、花火や、薬を飲む行事の名目で、お金や酒を支給した。（中略）仲友の宴会はおよそ三十三回あった。会がある度に花火をあげ、碁を打っていた。

これらの記述から推察すれば、唐仲友は花火などのために公金数百両を用いており、花火をかなりよく行っていたことを知ることができる。しかしながら、朱熹がどのような理由から、このようなことを記したのか明らかでない。朱熹は浙江省臨海県の台州《たいしゅう》の知事であった唐仲友を弾劾、すなわち不正を調べあげて、それをあばいて失脚させた。その理由として、朱熹の部下の陳同父《ちんどうふ》と唐仲友が妓家の女のことで争って仲が悪くなり、陳同父は唐仲友の悪口を朱熹に告げたため、朱熹と唐仲友が争ったという。これについて『斉東野語《せいとうやご》』[18]の「朱熹と唐仲友がこもごも上奏する事の次第」には朱熹と唐仲友が争ったことが詳しく記されている。

嘉泰《かたい》元年（一二〇一）に会稽《かいけい》、すなわち浙江省紹興《しょうこう》県において、施宿《せしゅく》（一一五八～一二一三）が著した『（嘉泰）会稽志』[19]（一二〇一）には「除夜に爆竹の音が聞こえる。これは硫黄をもって爆薬を作るのである。その爆発音は、とても凄まじい。これを爆仗という」とある。爆竹の爆薬に硫黄を用いたことが記され、また爆竹を爆仗の名称で呼んでいたことを知ることができる。

前述の「宋代前期の爆竹」の項で述べたように楊万里《ようばんり》（一一二七～一二〇六）が著した『誠斎集《せいさいしゅう》』（一二〇八）の詩に竹を燃やす爆竹があるが、一方、「雪の降る暁どきに、舟の中で火を生ず」と題する詩の中に[20]「木炭と美しい金石の触れ合う音がする。そこに火が見えるので爆竹が爆《は》ぜるのが分かった。破裂音がパンパンと、長い間続いた」とある。これは火薬使用の爆竹を詠じたものと思われる。

「地老鼠《ちろうそ》」なる花火を一二二五年に臨安の清燕殿《せいえんでん》で行ったと、周密（一二三二～一二九八）は『斉東野語』[21]（一三〇〇頃）の中で「宴会の花火」と題して、次のように記している。

理宗《りそう》元年、すなわち宝慶《ほうけい》元年（一二二五）の陰暦正月十五日、上元の日に清燕殿で宴会の準備をしていた。恭しく寧宗《ねいそう》皇后、すなわち恭聖《きょうせい》太后の出席を要求した。そのとき既に花火を宮廷であげていて、地老鼠なる花火があった。忽ちその地老鼠が恭聖太后の足元に跳ね飛んできて、恭聖太后はそのために大いに驚き、衣類を払いのけ、忽ち席を起って、大変に機嫌を損なわれ、お怒りになった。このために宴会は中止した。天子の理宗はこの事件のため、大変に恐れ、不安でたまらなくなった。

ここに記された「地老鼠」なる煙火は、いわゆる「ねずみ花火」である。明代に書かれた沈榜《しんぼう》の『宛署雑記《えんしょざっき》』[22]（一五九三）には、「地老鼠」について「大きな音もせず、打ち揚げ花火のように高く揚がらず、地上で回転しながら燃えるものを地老鼠という」と書いている。また明代に書かれた『月令広義』、『格致鏡原』にも、『宛署記』（『宛署雑記』）として引用され、ほぼ同様のことが述べられている。

灌圃耐得翁《かんぽたいとくおう》、一名、灌園《かんえん》耐得翁と号する趙氏が臨安のことを記した『都城紀勝《とじょうきしょう》』[23]（一二三五）には「大道芸にはみな巧みな名がついている。（中略）花火をあげ、爆仗を放ち」とある。当時の臨安では町の中でいろいろな大道芸が行われ、また市が開かれ、また、煙火や爆仗が行われていたことを知ることができる。

南宋の首都の臨安で西湖老人《せいころうじん》が著した『西湖老人繁勝録《せいころうじんはんしょうろく》』[24]（一二五〇頃）には、煙火について次のように記されている。

安徽省霍山県の霍山《かくざん》の側で、数多くの五色の煙火を揚げ、爆竹を放った。

この「五色の煙火」は五種類の色を発する火薬を用いたものと推定される。後述の『武林旧事』（一二九〇頃）にも『五色の煙炮』が記されている。このように当時は既に五種類の色を発する火薬がつくられていたことが推定される。後世の兵書、『武備火竜経《ぶびかりゅうけい》』（一四一一頃）、『武備志《ぶびし》』（一六二一）などには、五色の煙が記されているし、また後世のヨーロッパでも、このような五色の煙火が用いられていた。

陳元靚《ちんげんせい》（一二〇〇頃～一二六六）が著した『事林広記《じりんこうき》』[25]（～一二六六）には「大晦日、除夜」の項に『神異経』を引用し、「その鬼、すなわち山臊は、爆竹の音を恐れる」とし、「現代の人は、それ故に火爆を作り、鬼を追い払う」とある。また『夢華録』にいうとして、前述の『東京夢華録』の「除夜」に記されたところを述べている。このように、当時はすでに火薬が爆発性のものであることが知られていた。陳元靚はこの黒色火薬を「火爆」として記したのである。

同じく陳元靚の著した『歳時広記《さいじこうき》』(26)(～一二六六)には、「除夜」として前述の『東京夢華録』の「除夜」に記されたところを述べている。

呉自牧《ごじぼく》が著した『夢粱録《むりょうろく》』(一二七四)は、南宋の淳祐《じゅんゆう》(一二四一～一二五二)から咸淳《かんじゅん》(一二六五～一二七四)年間の臨安のことを記したものであるが、その「十二月」(27)の項には「また、町では爆仗、仕掛け花火の成架《せいか》、花火の類を売っている」とある。当時、仕掛け花火の「成架《せいか》」が町の中で売られていたのである。

また「除夜」(28)の項には次のようなことがあったと記されている。

この夜、天子の御所では爆竹の音が鳴り響き巷《ちまた》に聞える。花火や屏風、諸々の出来事があり、爆竹を行って爆竹の音が鳴り響く有様は雷の鳴り響くようである。

ここに記された爆竹は、当時すでに爆仗、烟火があったことから、火薬を用いた爆竹と推定される。

宋代前期の竹を燃やす爆竹に対し、火薬使用の爆竹、爆仗、煙火などが宋代後期には広く行われるようになってきた。竹を燃やす元旦鶏鳴のときの行事が、宋代後期には除夜において行われるとともに、悪鬼を追い払う目的が、娯楽として楽しむように変化してしまったのである。さらに後世にもこの傾向が続き、明代の唐錦《とうきん》（一四七五～一五五四）は『夢余録《むよろく》』(29)（～一五五四）の中で「古代の人は爆竹を元旦の鶏鳴のときにしていたが、現代の人はこの風習を変えて、除夜にしている。本来の意義を失ってしまった」と述べている。また、馮応京《ふうおうけい》は『月令広義《げつれいこうぎ》』(30)（一六〇二）の中で、爆竹の意義について論じ、「爆竹は除夜の宵から元旦の朝まで行い、春の陽気を震わせ、悪い気を除いていたが、現代の人は遂に遊びとし、費用を乱費し、その技で雌雄を競っている、まことに本来の意義を失ってしまった」と、述べている。ほぼ同様のことが『格致鏡原《かくちきょうげん》』にも『月令広義』を引用して述べられている。

以上の点を考察すれば明らかなように、南宋時代には黒色火薬使用の爆竹、爆仗、煙火などが一二〇〇年前後から広く行われるようになっていたのである。要約すれば、火薬を用いた花火の類には、熝爆（一一五一）（『西湖遊覧志余』（一五八四））があり、紙砲（『雑纂録』（～一一五四頃））があり、爆竹は『東京夢華録』（～一一二五）、『会稽志』（一二〇一）、『都城紀勝』（一二三五）、『西湖老人繁勝録』（一二五〇頃）などにみられ、爆仗は『東京夢華録』、『朱子語類』（～一二〇〇）、『会稽志』、『都城紀勝』、『夢粱録』（～一二七四）、『武林旧事』（～一二九〇頃）、『乾淳歳時記』（一三〇〇頃）、『辟寒部』（～一六三九）などにみられ、煙火は『東京夢華録』、『朱文公文集』（～一二〇〇）、『西湖老人繁勝録』、『都城紀勝』、『夢粱録』、『武林旧事』、『斉東野語』（一三〇〇頃）などにみられる。その他、地老鼠（『斉東野語』）、流星花火（『武林旧事』）、水爆花火（『武林旧事』、『乾淳歳時記』）、走線花火、起輪花火（『武林旧事』）などのほか、仕掛け花火も行われていた（『武林旧事』、『夢粱録』、『西湖遊覧志余』）。また後述の流星火（『斉東野語』、『宋史』（一三四五）、『続資治通鑑』（一八六二）など）が行われるようになっていたのである（一二七二）。

これらの火薬使用の爆竹、爆仗、煙火などは、その一部は軍事にも使われていたと推察されるが、具体的にはどのように使用されていたのであろうか。次にこれを探ってみよう。

注

（1） 周密『武林旧事』巻七、一二九〇頃

淳熙七年十二月二十八日、南内遣御薬并後苑官管押、進奉両宮、守歳、合食、則劇、金銀銭、消夜歳軸果児、錦暦、鍾馗、爆仗、羔児、法酒、春牛、花朶等。

淳熙七年十二月二十八日、南内は御薬（御薬官）并（並）びに後苑の官をして管押（留めおく）せしめ、〔東西の〕両宮に守歳（年越し）の〔ための〕合食（会食）、則劇（則劇孩児《がいじ》の略、小児の演劇）、金銀銭、消夜（徹夜）〔で劇を見ながら食べる〕の歳軸果児（年末に食べるお菓子）、錦暦（あやにしきでつくった暦）鍾馗、爆仗、羔児（ようかん）、法酒（お酒）、春牛（葦で作った高さ三～四尺の牛）、花朶（花の咲いている枝）などを進奉（献上）す。

（2）前掲『武林旧事』巻二、「元正」の項
午後、修内司排弁晩筵於慶瑞殿、用煙火、進市食、賞灯、並如元夕。

午後、修内司、晩筵を慶瑞殿に排弁（ならべて用意する）し、煙火を用ひ、市食（まちで売る食物）を進め、灯を賞づること、並びに、元夕の如くす。

（3）前掲『武林旧事』巻二、「元夕」の項
先是、京尹預択華潔、及善歌叫者、謹伺於外。至是歌呼競入。既経進御、妃嬪内人而下、亦争買之、皆数倍得直、金珠磊落、有一夕而至富者。宮漏既深、始宣放煙火百余架。於是楽声四起、燭影縦横、而駕始還矣。

是れより先、京尹（京師の地方長官）、預め華潔（はなやかで清い）なると、よく歌ひ叫ぶ者とを択び、謹んで外を伺ふ。是に至りて歌呼（大声で歌をうたう）して競ひ入る。既に進御を経て、妃嬪、内より而下（じか）は亦争ひて之を買ひ、皆数倍にて直（あたい）を得、金珠（金と珠）磊落（数の多いさま）し、一夕にして富に至る者有り。宮漏（時間は）すでに深く、始めて宣して煙火の百余架を放つ。是に於て楽声、四（よも）に起こり、燭影縦横して、駕始めて還る。

（4）前掲『武林旧事』巻二、「元夕」の項
邸第好事者、如清河張府蔣御薬家、間設雅戯煙火、花辺水際灯燭燦然。遊人士女縦観、則迎門酌酒而去。

邸第（貴人のやしき）の好事者、清河の張府、蔣御薬の家の如きは、間ゝ（時々）雅戯（みやびな遊戯）の煙火を設け、花辺・水際に灯燭燦然たり。遊人・士女、縦観すれば、即ち門に迎へて、酒を酌みて去らしむ。

（5）前掲『武林旧事』巻三、「西湖遊幸、都人遊賞」の項
至於吹弾。（中略）煙火、起輪、走線、流星、水爆、風箏、不可指数。

吹弾（笛を吹き、琴を弾く、すなわち音楽をかなでる）するに至る。（中略）煙火、起輪（起輪花火）、走線（走線花火）、流星（流星花火）、水爆（水爆花火）、風箏は、指もて数ふべからず。

（6）前掲『武林旧事』巻三、「西湖遊幸、都人遊賞」の項
橋上少年郎、競縦紙鳶、以相勾引、相牽翦截、以線絶者為負。此雖小技、亦有専門。爆仗、起輪、走線之戯、多設於此。至花影暗而月華生、始漸散去。

橋上の少年郎は競ひて紙鳶（たこ）を縦ち、以て相勾引（引きよせる）し、相牽きて翦截（はさみ切る）し、線の絶たるる者を以て負けとなす。此れ小技なりと雖も、亦専門有り。爆仗、起輪、走線の戯、多く此に設く。花影暗くして、月華（月の光）の生ずるに至り、始めて漸く散じ去る。

（7）翟灝『通俗編』巻三十一、俳優、～一七八八
武林旧事言、西湖有少年、競放爆仗、及設烟火、起輪、走線、流星、水爆等戯。（中略）此等戯、倶自宋有之也。

『武林旧事』に言ふ、「西湖に少年有り、競ひて爆仗を放ち、及び烟火、起輪、走線、流星、水爆等の戯を設く」と。（中略）此れ等の戯は、倶に宋より之れ有るなり。

（8）前掲『武林旧事』巻三、「歳除」の項
至於爆仗、有為果子人物等。類不一。而殿司所進屏風、外画鍾馗捕鬼之類。而内蔵薬線、一爇連百余不絶。簫鼓迎春、鶏人警唱、而玉漏漸移、金門已啓矣。

爆仗に至りては、果子（果物）、人物等を為るもの有り。類（種類）は一ならず。而して殿司の進むる所の屏風は、外に鍾馗の鬼を捕ふるの類を画く。而も内に薬線を蔵し、一爇《いちぜつ》（一たび燃やす）百余を連ねて絶えず。簫鼓もて春を迎へ、鶏人は警唱して、玉漏漸く移り、金門、已に啓かる。

（9）前掲『通俗編』巻三十一、俳優
武林旧事言、（中略）又言歳除爆仗、有為果子人物等類。殿司所進仮屏風、内蔵薬線、一爇連百余、不絶。蓋此等戯、倶自宋有之也。

『武林旧事』に言ふ、（中略）又、言ふ「歳除の爆仗に、果子人物等の類を為る有り。殿司、進むる所の仮の屏風は、内に薬線を蔵し、一爇、百余を連ねて、絶えず」と。蓋し此れ等の戯は、倶に宋より之れ有るなり。

（10）前掲『武林旧事』巻三、「歳晩節物」の項
至夜蕡燭糀盆、紅映霄漢、爆竹鼓吹之声、喧闐徹夜、謂之聒庁。（中略）守歳之詩雖多、極難其選。

独楊守斎一枝春、最為近世所称。併書於此去、爆竹驚春、競喧闐、夜起千門簫鼓。夜に至り賁燭（飾った灯火）粈盆《しんぼん》（松柴を積んで焼く行事）、紅（くれない）、宵漢（おおぞら）に映じ、爆竹・鼓吹の声、喧闐《けんてん》（さわがしい）して夜を徹す、之を聒庁（夜中さわぎまわる行事）と謂ふ。（中略）守歳の詞、多しと雖も、極めて其の選を難（かた）んず。独り楊守斎（楊瓚）の「一技の春」は、最も近世の称する（ほめる）所と為る。併せて此（ここ）に書すと云ふ。爆竹は春を驚かし、喧闐を競ひ、夜は千門の簫鼓より起こる。

（11）前掲『武林旧事』巻六、「小経紀」の項に「売煙火」（煙火を売る）とある。

（12）朱熹『朱子語類』（『朱子語類大全』）巻二、〜一二〇〇

雷如今之爆仗。蓋欝積之極、而迸散者也（李方子）。

雷は今の爆仗の如し。蓋し欝積することの極まりて、迸散《ほうさん》（飛び散る）する者なり。

（13）前掲『朱子語録』巻七十二

雷便是如今一箇爆仗（晏淵）。

雷は便（すなわ）ち、是れ如今（いま）の一箇の爆仗なり。

（14）前掲『朱子語録』巻三

卿間有李三者。死而為厲。郷曲凡有祭祀仏事、必設此人一分。或設黄籙大醮。不曾設他一分、斎食尽為所汚。後因為人放爆仗、焚其所依之樹、自是遂絶。曰是他枉死、気未散、被爆仗驚散了。

卿（郷）間に李三なる者有り。死して厲《れい》（えやみ、疫病神）と為る。郷曲（かたいなか）に、凡そ祭祀、仏事有れば、必ず此の人の一分（一部分）を設け、或いは黄籙《こうろく》（道家の潔斎法）大醮《たいしょう》（道士が祭壇を設けて祭ること）を設く。曽《かつ》て他《かれ》（李三）の一分を設けざれば、斎食（清めたる食物）尽（ことごと）く、為に汚さる。後、人の為に爆仗を放つて、其の依る所の樹を焚くに因って、是より〔李三の妖気は〕遂に絶えたり。曰く「是れ他（李三）の枉死（災にあって死すこと）して、気未だ散ぜざるも、爆仗に驚かされて、散じ了る」と。

（15）前掲『朱子語録』巻百三十七

瞞人如装鬼戯、放煙火相似。且遮人眼。

人を瞞（あざむ）くこと、鬼戯を装ひて、煙火を放つが如く相似たり。且つ人の眼を遮る。

（16）朱熹『朱文公文集』巻十八、～一二〇〇

仲友有婺州隣近人周四。会放烟火。其妻会下棊。仲友招換来此、遇作州会、以呈芸為由。毎次支破公庫銭酒計十余貫。前後支過銭、約数百貫。妻常出入宅堂下棊。仲友却委放煙火人。探听外事。

〔唐〕仲友に婺州（浙江省金華県）の隣近の人、周四（人名）なるもの有り。会ゝ（たまたま）烟火を放つ。その妻、会ゝ棊（碁）を下す。仲友、招換（招かれ）されて此に来たり、州会を作すに遇ひ、芸を呈するを以て由と為す。毎次に公庫の銭酒、計十余貫を支破す。前後に支過する銭は、約数百貫なり。〔唐仲友の〕妻は常に宅堂に出入して棊を下す。仲友は却つて煙火を放つの人

に委して、外事（世間のこと）を探听《たんぎん》（さぐりを入れる）す。

（17）前掲『朱文公文集』巻十九

仲友有婺州隣人周四。本名花康成。会放烟火。妻能下棊。仲友招来、毎有宴会、以烟火撮薬為名、支給銭酒。（中略）仲友筵会、凡三十三次、使放烟火下棊。（以下略）

〔唐〕仲友に、婺州の隣人、周四（人名）なるもの有り。本（もと）、花唐成と名づく。会ゝ（たまたま）烟火を放ち、妻は能く棊を下す。仲友、招来せられ、宴会有る毎に、烟火、撮薬を以て名（名目）と為し、銭酒を支給す。（中略）仲友の筵会は、およそ三十三次（回）あり。烟火を放ち、棊を下さしむ。（以下略）

（18）周密『斉東野語』、巻十七、一三〇〇頃

朱唐交奏本末

朱晦庵按唐仲友事、或云、呂伯恭嘗与仲友同書会、有隙。朱主呂故抑唐。是不然也。蓋唐平時恃才、軽晦庵、而陳同父頗為朱所進。与唐毎不相下。同父遊台。嘗狎籍妓、属唐為脱籍許之。偶郡集。唐語妓云、汝果欲従陳官人邪。妓謝。唐云、汝須能忍飢受凍乃可。妓聞大恚。自是陳至妓家、無復前之奉承矣。陳知為唐所売、亟往見朱。朱問、近日小唐云何。答曰、唐謂公尚不識字、如何作監司。朱銜之、遂以部内有冤獄乞再巡按。既至台、適唐出迎少稽、朱益以陳言為信。立索郡印付以次官。

乃摭唐罪具奏。而唐亦作奏馳上。時唐郷相王淮当軸、既進呈。上問王。王奏、此秀才争間気耳。遂両平其事。

朱唐（朱熹と唐仲友）交奏（交ゞ《こもごも》奏する）本末（事の次第）

朱晦庵（朱熹）唐仲友を按ずるの事、或ひと云ふ「呂伯恭はかつて仲友と書会を同じくし、隙（仲たがい）あり。朱は呂を主とするが故に唐を抑ふ」と。是れ然らざるなり（実はそうではない）。けだし唐は平時に才を恃みて、晦庵を軽んず。而るに〔呂伯恭の同輩の〕陳同父は頗る朱の進む所となり、唐と毎に相下らず。同父、台（浙江省臨海県）に遊ぶ。かつて籍妓の唐に属するものに狎《な》れ、脱籍を為して之を許さる。偶ゞ郡の集ひあり。唐は妓に語りて云ふ、「汝は果して陳官人（陳同父）に従はんと欲するか」と。妓謝す。唐云ふ、「汝すべからく能く飢ゑを忍び、凍を受くるべくんば、乃ち可なり」と。妓、聞きて大いに恚（怒）る。是れより、陳は妓家に至るも、また前の奉承（丁寧な扱いを受けること）なし。陳は（その妓を）唐の売る所と為るを知り（邪推して）、亟（すみやか）に往き、朱に見ゆ。朱は（陳同父に）問ふ、「近日、小唐（唐仲友）はいかん」と。答へて曰く、「唐は謂ふ、〔朱子〕公はなほ字を識（知）らずして、如何んぞ監司（役人）となるや」と。朱これを銜みて（根にもって）、遂に部内（唐仲友が治めている役所で）に冤獄（無実のものを有罪にした）あるをもつて、再び巡按せんことを乞ふ（この有罪のものを再審するように求めた）。〔朱熹は〕既に台に至り、たまたま唐は出で迎ふるも稽を少《か》く（朱熹に対する礼儀を欠いた）、朱はますます陳の言をもって信となす。立ちどころに郡内を索め（郡の長官の印鑑を朱熹に渡すように云った）、付するに次官を以てす（唐仲友が郡の長官の印鑑を朱熹に渡すと、朱熹はその印鑑を郡の次官に与えた）。乃ち唐の罪を摭《ひろ》ひ（あばき）、具（つぶさ）に奏す。しかうして唐もまた奏をなし、上に馳す。時に唐の郷（故郷）の相王淮が軸に当り、既に進呈す。上、王に問ふ。王奏すらく「これ、秀才（朱熹と唐仲友）の間気（無益に腹を立てる）を争ふのみ」と。遂にその事を両平（公平）す。

（19）施宿『（嘉康）会稽志』巻十三、一二〇一

除夕爆竹相聞、亦或以硫黄作爆薬。声尤震厲。謂之爆仗

除夕に爆竹相聞え、亦或いは硫黄を以て爆薬を作る。声、尤も震厲なり。之を爆仗と謂ふ。

（20）楊万里『誠斎集』巻二十八、（一二〇八）に「雪暁舟中生火」（雪暁舟中に火を生ず）と題する詩の中に「烏銀玉質金石声。見火忽学爆竹鳴。腷腷膊膊久不停」（烏銀（木炭）玉質（美しい）金石（金と石のふれあう）の声。火を見て忽ち学（覚）る爆竹の鳴るを。腷腷膊膊（物の裂ける音）として、久しく停まらず）

（21）前掲『斉東野語』巻十一、一三〇〇頃

御宴煙火

穆陵初年、嘗於上元日、清燕殿排当。恭請恭聖太后。既而焼煙火於庭、有所謂地老鼠者。径至大

母聖座下、大母為之驚惶、払衣経起、意頗疑怒。為之罷宴。穆陵恐甚、不自安（以下略）

御宴煙火

穆陵初年（穆陵に葬られた理宗の即位された宝慶元年）、嘗て上元の日（陰暦正月十五日）に於いて、清燕殿にて排当（宴会の準備）す。恭しんで恭聖太后（寧宗皇后）に請ふ。既にして煙火を庭に焼く、所謂地老鼠なる者有り。径《ただ》ちに大母（恭聖太后）の聖座下に至れば、大母、之が為に驚惶（おどろき）し、衣を払つて、径ちに起ち、意に頗（すこぶ）る疑ひて怒る。之が為に宴を罷む。穆陵、恐るること甚だしく、自ら安んぜず。（以下略）

（22）沈榜『宛署雜記』巻十七、「上字、民風一、土俗、放煙火」の項、一五九二

不響不起、旋遶地上者、曰地老鼠。

響かず起（た）たず（音もなく、打上げ花火のように高くあがらず）、地上に旋遶（回転しながら燃えるもの）する者を、地老鼠と曰ふ。

（23）灌圃（灌園）耐得翁『都城紀勝』、「瓦舎衆伎」の項、一二三五

雑手芸皆巧名。（中略）焼煙火、放爆仗。

雑手芸には皆巧名あり。（中略）煙火を焼き、爆仗を放つ。

（24）西湖老人『西湖老人繁勝録』、一二五〇頃

多有後生於霍山之側、放五色烟火、放爆竹。

多くは後に霍山の側に生ずる有り、五色の烟火を放ち、爆竹を放つ。

(25) 陳元靚『事林広記』巻四、「除日、除夜、除夕、歳除」の項、一二六六
『神異経』を引用し、「其鬼畏爆竹声」（その鬼（山臊）、爆竹を畏（恐）る）とあり、「今人故作火爆」（今の人は故に火爆を作る）と。また『夢華録』に云うとして、前述の『東京夢華録』の「除夕」（除夜）を引用する。

(26) 陳元靚『歳時広記』巻四十、「守歳夜」の項、〜一二六六
「守歳夜」（守歳の夜）『東京夢華録』の「除夕」（除夜）の項を引用する。

(27) 呉自牧『夢粱録』巻六、「十二月」の項、一二七四
又有市爆仗成架烟火之類（又、爆仗、成架、烟火の類を市（う）るもの有り）。

(28) 前掲『夢粱録』巻六、「除夜」の項
是夜、禁中爆竹嵩呼、聞于街巷。□□□□□□煙火屏風諸般事件爆竹、及送在□□□□□□爆竹声震如雷。

是の夜、禁中（天子の御所）に爆竹嵩呼して、街巷（ちまた）に聞ゆ。□□□□□□烟火、屏風、諸般の事件、爆竹、送るに及びて在り□□□□□□爆竹の声、震ふこと雷の如し。

(29) 唐錦『夢余録』、〜一五五四（『続説郛』所収）
古人爆竹必于元旦鶏鳴之時。今人易以除夜。似失古意。

古人の爆竹は必ず元旦鶏鳴の時においてす。今人は易（変）ふるに除夜を以てす。古意を失するに似たり。

（30）馮応京『月令広義』、巻二十、一六〇二
除夕爆竹通宵達旦。所以震発春陽消邪厲。今人遂以為戯。而傾費争雄。殊失本意。

除夕の爆竹は宵を通して旦に達す。春陽を震発し、邪厲を消す所以なり。今の人は遂に以て戯と為す。而して費を傾けて雄を争ふ。殊（こと）に本意を失す。

文献

（1）周密『乾淳歳時記』、一三〇〇頃
（2）周密『乾淳起居注』、一三〇〇頃
（3）田汝成『西湖遊覧志余』巻三、一五八四
（4）陳継儒『辟寒部』巻一、～一六三九
（5）肅智漢『（新増）月日紀古』巻五、一七九四
（6）秦嘉謨『月令粋編』巻十八、一八一二
（7）前掲『乾淳歳時記』
（8）前掲『西湖遊覧志余』巻三

(9) 前掲『西湖遊覧志余』巻三
(10) 前掲『西湖遊覧志余』巻三
(11) 趙与褰『辛巳泣蘄録』、一二二二
(12) 茅元儀『武備志』巻百三十、一六二一
(13) 周密『斉東野語』、巻十八、「二張援襄」の項、一三〇〇頃
(14) 脱脱『宋史』巻四百五十、一三四五
(15) 畢沅『続資治通鑑』、巻百八十、一八六七
(16) 前掲『西湖遊覧志余』巻三
(17) 前掲『西湖遊覧志余』巻三
(18) 前掲『月令粋編』巻十八
(19) 前掲『西湖遊覧志余』巻三
(20) 祝穆『事文類聚』前集巻四十八、一二四六
(21) 陳元竜『格致鏡原』巻五十、一七〇八

十一　煙火に似ている宋代の軍事火器

前述の竹を燃やす爆竹と同じ様に、大音響を発する目的でつくられた軍事火器に霹靂《へきれき》火毬《かきゅう》がある。この霹靂火毬をどんな戦いで、どのように用いたか、正確には明らかでないが、靖康《せいこう》の変（一一二六）、采石《さいせき》の戦い（一一六一）、襄陽《じょうよう》の戦い（一二〇七）などには霹靂砲を使用したことが明記されており、霹靂火毬を用いたと推定される。前に述べたように、中国では一一〇〇年頃に黒色火薬は実用化されているので、これらの戦いに使用された霹靂砲は、火薬を用いたものと推測される。したがって、その構造、及び使用方法などは、『武経総要《ぶけいそうよう》』に記載の霹靂火毬と同一であったか否か、正確には分からないのである。

また、『武経総要』には、煙毬《えんきゅう》、毒薬煙毬、鞭箭《べんせん》、火薬鞭箭《かやくべんせん》、火箭《かせん》、引《いん》火毬《かきゅう》、蒺藜《しつり》（蒺藜《しつれい》）火毬、鉄觜《てっち》火鷂《かよう》、竹《ちく》火鷂《かよう》などの燃焼剤を用いた軍事火器が記されている。これらの火器も一一〇〇年頃以後には、黒色火薬を用いてつくられたものと推定される。これらを当時の娯楽の少なかった時代に、夜間に娯楽の目的で観賞すれば、見物していても面白く、煙火として分類しうるものであり、しばしば行われていたことは想像にかたくない。

南宋の時代には、煙火に似ている火器を軍隊の演習などのおりに使用した例がみられる。前述の周密が著した『武林旧事《ぶりんきゅうじ》』(1)には、乾道《けんどう》二年(一一六六)、乾道四年(一一六八)、乾道六年(一一七〇)、淳熙《じゅんき》四年(一一七七)、淳熙十年(一一八三)に軍事演習を行ったとき、次のようなことがあったと記されている。これは周密の記録した『乾淳御教記《けんじゅんぎょきょうき》』にもほぼ同文が記されていることから、乾道(一一六五～一一七三)淳熙(一一七四～一一八九)年間に行われていたことを知ることができる。

総司令官が演習の終りを皇帝に奏申すると、指揮官は命令を受けて部隊の兵士や騎馬隊を整列させた。当番兵が角笛を鳴らして軍隊を集め、教練の終るのを待っているときに、各々の部隊は大刀や、車砲《しゃほう》、煙槍《えんそう》で様々な武芸を披露した。

ここに記されたところは『宋史』(2)にも、乾道四年(一一六八)に軍隊の演習の終った後、次のような「閲兵式」が行われたと記されている。これは前述の『武林旧事』に記されたところと同じことを述べたものと思われる。

士官や兵卒は歓喜の声をあげ、例年のように代表が皇帝に謝辞を述べた。角笛を鳴らし部隊を集め終り、演習を終え軍隊は行進した。歩兵隊は東西に分かれて行進した。騎兵隊は皇帝の観覧席の前で交代の儀式をした。続く部隊は強く鋭い大刀で武芸を披露し、続いて次の部隊は行進し、車砲、火砲、煙槍の発射演習を行った。

ここに記された車砲は、どのような構造の火器か正確には明らかでない。当時は金属製の大砲、あるいは手銃などの筒状の火器はない。投石機などを車にのせ、それから火毬などを発したことを述べたものと推定される。また、火砲は火毬などを点火して投石機で投げたものと推定される。ちなみに清代の呉承志《ごしょうし》の『遜斎文集《そんさいぶんしゅう》』(3)（一九二二）では『乾淳御教記』に記されている火器について、「車砲のことだけを述べて、火砲に言及しないのは、火砲は車砲の中に積まれているからだ」とある。すなわち、火砲を車に積んで、火毬などを発する装置を車砲と称していたことが推察される。いま、楼缸を見ると、投石機が備え付けられているので、このような機器で火毬を発射したことが分かる（図十七）。

煙槍は火槍のような火器から、火槍の火焔に代わって主に煙のみを発する火器と推定される。すなわち、その構造は火槍であって、火焔を生ずる火薬に代わり、煙のみを発する火薬、あるいは燃焼剤を使用したものと推察される。当時は既に『武経総要』（一〇四四）に記されているような煙毬などがあったので、このような煙のみを発生する火薬、あるいは燃焼剤はよく知られていたと推定される。

このときのことを同じく『宋史』(4)は更に次のように述べている。

乾道四年（一一六八）、茅灘《ぼうたん》に行幸し閲兵式を行った。黄旗を挙げ太鼓を三回打って、四角い陣営を敷き、太鼓を五回打って白旗を挙げ、円い陣営に変えた。続いて二回の太鼓で赤旗を挙げて攻撃体制の陣営に変え、青旗を挙げ突撃体制の陣営に変えた。

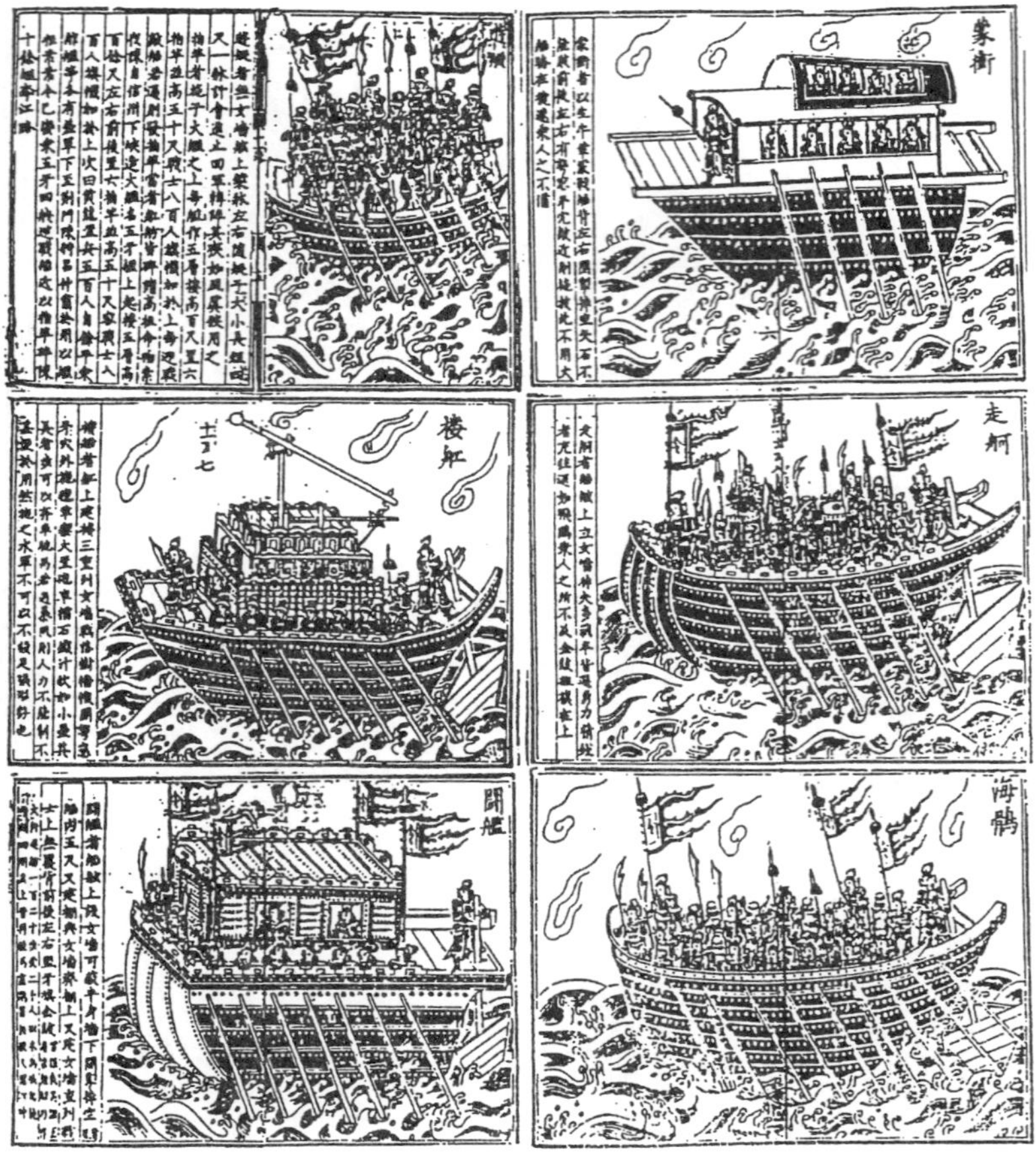

図十七　宋代の軍船（『武経総要』(1044) による）

この演習が秩序よく行われたので、皇帝は大いに悦び賞与を倍にして褒めた。つづいて部隊の兵士を東西に分けて大刀の演技を行い、火砲の発射試験を行った。

このときの火器について、前にも記した呉承志の『遜斎文集』[5]は、『宋史』「礼志」の乾道四年十月の行事について記し、「車砲、火砲、煙筒を発射した」とある。ここに「車砲」とあるのは、前述のように投石機を車にのせて、それから火毬など発したことを述べたものである。「火砲」は前に述べたように、投石機から火毬など発したことを述べたものと考えられる。また、「煙筒」は煙槍、すなわち前述の火槍に煙のみを発生する火薬、あるいは燃焼剤を使ったものと推察される。更に『遜斎文集』には、「車砲と火砲は別に二種類に区別する」と述べている。

つづいて淳熙十年（一一八三）に、『武林旧事』[6]、『乾淳起居注』《けんじゅんききょちゅう》には次のようなことがあったと記されている。

淳熙十年八月十八日、皇帝は観潮のため徳寿宮《とくじゅきゅう》の浙江亭《せっこうてい》に行幸した。（中略）観潮に先だって、澉浦《かんぽ》、金山《きんざん》の司令官は海軍五千人を指揮して江の水辺に赴いた。総司令官は揚子江を防衛する新しい海軍と、臨安府海軍が、並列して航行する軍船を査閲した。西興《せいこう》と竜山《りゅうざん》の両岸には、艦隊が千隻近く並んだ。艦船を指揮し、川の水面では五陣の戦闘体形をつくった。また一方、浅瀬の水中では馬に乗り旗を振り回し、槍を投げたり、水面で地上を歩くような武芸をする者もいた。五色の煙砲に点火して発射すると、その煙は川一面に充満し、煙砲の発射をやめると、艦隊はみな煙にかくれて、一隻も見えなくなった。

ほぼ同様のことが『西湖遊覧志余《せいこゆうらんしよ》』（一五八四）にも記されている。この「五色の煙砲」は、前述の『西湖老人繁勝録《せいころうじんはんしょうろく》』にも「五色の煙火」が記されているように、化学的にはほぼ同様の成分の火薬を使用し、これを用いて火毬などをつくり、投石機で投げたものと推定される。

また『武林旧事』(7)、『乾淳歳時記』の「銭塘《せんとう》江の潮を観る」の項にも次のことがあった（～一一八九）と記されている。この行事は『乾淳歳時記』にも記されていることから、乾道（一一六五～一一七三）と淳熙（一一七四～一一八九）年間に行われていたことを知ることができる。

浙江の銭塘江の潮流は、天下一の景勝である。（中略）毎年、臨安の長官は浙江亭に来て、海軍の閲兵式に出席する。数百隻の戦艦が川の両岸に二手に分かれて並び、その戦艦は銭塘江を上ったり、下ったり、戦闘体制をつくったり、分かれたりしている。

また、岸辺の浅瀬では武技の演技をし、馬に乗り旗を振りまわし、槍を投げ、刀を振りまわし、水面を平地と同じように行く者もいる。

突然、黄色の煙が四方から起こり、煙のために仮想の敵船の人物は殆ど見ることができなくなった。敵船に水爆を発すると、轟音とともに煙があがり、その音は山が崩れるようであった。煙が消え、波が静かになると、敵船は一隻も残さずに火災を起こし、波間に消えていった。

ここに記された「水爆」は、前述の『武林旧事』にも見られるように、水面の近くで用いられた。それが大音響を発しているので火薬使用の武器と推定される。

『夢粱録《むりょうろく》』(8)（～一二七四）には「臨安府では諸部隊を指揮して春の教練を行う」として、次のことがあったと記されている。

予定の時間になると、浙江省の西部の総指揮官は、諸部隊の隊長を指揮し、各部隊に軍馬を配属させた。演習場に行き、閲兵式が始まるのを待っていた。銅羅《どら》を鳴らし太鼓を打って、砲を発射すると煙があがった。

各部隊は陣形をつくって敵を迎える体制を整えた。武官は体形を示し戦を挑む様子をつくった。弩を試射し、弓を射て、毬を打ち、馬を走らせる武芸を演技した。上手に演習を行った部隊には多くの賞与が与えられ、兵卒にも賞与が支給された。

また『夢粱録』(9)の「銭塘江の潮を観る」の中で、次のことがあったと記されている。

暫くすると、総指揮官は海軍を指揮し、海兵隊を閲兵し、まだ潮の満たない前に、岸辺で陣形を整え、旗を立てたので、その旗は風になびいてひらめいていた。

また、水面では太鼓や笛を鳴らして、前に先導しながら進み、その後には大将を水面にかついで進んだ。船団は左右に分かれて進み、旗や幟は、どの船にも満ちあふれていた。槍を舞わし、箭を発射する演技が終わるのを待って、皇帝は部隊を二手に分けて演習をさせた。砲を発射すると煙があがった。仮想の敵船をすばやく追いかけ、火箭を一斉に放つと、敵船は火災を起こし沈没した。戦術は成功したので、銅羅を鳴らし、演習を終わった。部隊や兵士に賞金を与えるとき、その技量に応じ格差があった。

ここに「砲を発射すると煙があがった」とある。どんな火器を使ったか正確には明らかでないが、煙火に類したものと推定される。また、ここに記されている火箭は火薬使用のものと推定される。

南宋の軍隊はこのような演習を秩序だって行っていたが、実戦では蒙古軍に惨敗せざるをえなかった。それゆえ、ここに記されている演習は全くの儀式的な演習というべきものと考えられる。前述の南宋時代の華奢な生活にみられる爆竹、爆仗、煙火などを考えると、ここに使用された車砲、火砲、煙槍、五色の煙砲、水爆などの軍事火器は、実戦における戦果は極めて疑わしいものといわざるをえない。誠に煙火に類する火器というのがふさわしいものと推定されるのである。

(表二)では、金代には、どんな爆竹や火器が使われていたのであろうか。次は、これについて述べる。

注

(1) 周密『武林旧事』巻二、一二九〇頃

殿帥奏教陣訖、取旨人馬擺列、当頭鳴角簇隊、以候放教。諸軍呈大刀車砲煙槍諸色武芸。殿帥、教陣の訖（終）るを奏すれば、旨（命令）を取りて人馬擺列し、当頭は角（角笛）を鳴らして隊を簇（あつ）め、以て放教（教練のおわること）を候（ま）つ。諸軍は大刀、車砲、煙槍、諸色の武芸を呈す。

（2）脱脱『宋史』巻百二十一、「志第七十四」、「礼二十四」「軍礼」の項、一三四五

士卒歓呼謝恩如儀。鳴角声簇隊訖、放教拽隊。歩人分東西引拽。馬軍交頭於御台下。随隊呈試驍鋭大刀武芸、継而進呈車砲、火砲、煙槍。

士卒は歓呼して謝恩すること儀の如くす。角声を鳴らし隊を簇（あつ）め訖（終）り、放教して隊を拽く。歩人は東西に分かれて引拽す。馬軍は頭を御台の下に交へ、隊に随って、驍鋭（強くするどい）の大刀、武芸を呈試し、継ぎて、車砲、火砲、煙槍を進呈す。

（3）呉承志『遜斎文集』巻五、一九二二

乾淳御教記、教陣訖、呈大刀、車砲、煙槍、諸色武芸。記止言車砲、不及火砲、是火砲在車砲中矣。

『乾淳御教記』に、教陣訖（終）り、大刀、車砲、煙槍、諸色の武芸を呈す。記は止（た）だ車砲のみを言ひ、火砲に及ばざるは、是れ火砲は車砲の中に在ればなり。

（4）前掲『宋史』巻百九十五、「志第百四十八」、「兵九」「訓練之制」の項

〔乾道〕四年、幸茅灘教閲。挙黄旗連三鼓変方陣、五鼓挙白旗変円陣。次二鼓挙赤旗変鋭陣、青旗変直陣。畢事上大悦賞賚加倍。兵分東西、呈大刀火砲。

〔乾道〕四年（一一六八）、茅灘に幸し教閲す。黄旗を挙げ三鼓を連ぬれば方陣に変じ、五鼓して白旗を挙ぐれば円陣に変ず。次に二鼓して赤旗を挙ぐれば鋭陣に変じ、青旗は直陣に変ず。事を畢（終）ふれば、上、大いに悦びて賞賚《しょうらい》（ほめて物を賜る）加倍す。兵を東西に分かち、大刀、火砲を呈す。

（5）前掲『遜斎文集』巻五

宋史礼志乾道四年十月、殿前司官、相視竜玉堂北江岸、以東茅灘一帯平地、可作教場。十六日車駕至灘、上校閲訖。呈試驍鋭大刀武芸、継而進呈車砲、火砲、煙筒。火砲与車砲別為二目。

『宋史』の「礼志」に、乾道四年十月、殿前の司官、竜玉堂の北の江岸を相視て、東茅灘一帯の平地を以て、教場と作すべしと。十六日に車駕、灘に至り、上、校閲し訖（終）る。驍鋭大刀の武芸を呈試し、継ぎて進みて車砲、火砲、煙筒を呈す。火砲は車砲と別けて二目と為す。

（6）前掲『武林旧事』巻七

淳熙十年八月十八日、上詣徳寿宮、恭請両殿、往浙江亭観潮。（中略）先是澉浦金山都統、司水軍五千人、抵江下。至是又命殿司新刺防江水軍、臨安府水軍、並行閲試軍船。

擺布西興、竜山両岸、近千隻。管軍官於江面、而分布五陣。乗騎弄旗標槍舞刀、如履平地。点放五色煙炮満江。及煙収炮息、則諸船尽蔵、不見一隻。

淳熙十年八月十八日、上（皇帝）は徳寿宮に詣（いた）り、恭しんで両殿に、浙江亭に往きて観潮せんことを請ふ。（中略）是れより先、澉浦、金山の都統（官名）は水軍五千人を司り、江下に抵る。是に至りて又、殿司、新刺防江水軍、臨安府水軍に命じ、并（並）び行きて、軍船を閲試す。

西興、竜山の両岸に擺布（並べる）し、千隻に近し。軍官を江面に管し、五陣に分布す。騎に乗り、旗を弄し、槍を標げ、刀を舞はすこと、平地を履むが如し。五色の煙炮を点放して江に満たしむ。煙収まり炮息（や）むに及べば、則ち諸船尽《ことごと》く蔵れ、一隻をも見ず。

（7）前掲『武林旧事』巻三

観潮

浙江之潮、天下之偉観也。（中略）毎歳京尹出浙江亭、教閲水軍。艨艟数百、分列両岸。既而尽奔騰分合五陣之勢。并有乗騎弄旗標槍、舞刀於水面者、如履平地。倏爾黄煙四起、人物略不相覩。水爆轟震、声如崩山。煙消波静、則一舸無迹、僅有敵船為火所焚、随波而逝。

〔銭塘江の〕潮を観る

浙江（杭州市より杭州湾に注ぐ銭塘江）の潮は、天下の偉観なり。（中略）毎歳、京尹（京師の地方長官）は浙江亭に出で、水軍を教閲す。艨艟数百、両岸に分列す。既にして、奔騰（走りのぼる）を尽くせば、五陣の勢を分合（分けることと、あわせること）す。并せて騎に乗り旗を弄し槍を標《ひょう》（目につくようにふるまう）にし、刀を水面に舞はすこと、平地を履むが如きもの有り。倏爾《しゅくじ》（たちまち）として黄煙、四（よも）に起こり、人物は略ゝ相覩えず。水爆は轟震し、声、山を崩すが如し。煙消え波静まれば、則ち一舸も迹無く、僅かに〔この軍事演習の時の〕敵船、火の焚く所と為り、波に随ひて逝くもの有り。

（8）呉自牧『夢粱録』巻二、一二七四

州府節制諸軍春教

至期、浙西路鈐轄、并節制諸軍統制等官属、帯領各部軍馬、詣教場伺候教閲、鳴鑼撃鼓、試砲放煙。

諸軍排陣、作迎敵之勢。将佐呈比体挑戦之風、試弩射弓、打毬走馬、武芸呈中。賞犒有差。軍卒労績、給以銭帛。

州府は諸軍を節制（指揮）して春教す（春の教練を行う）

期に至り、浙西路の鈐轄（官名）、并びに諸軍の統制等の官属を節制し、各部の軍馬を帯領し、教場に詣（いた）りて教閲を伺候し、鑼を鳴らし鼓を撃ち、砲を試みて煙を放つ。

諸軍は排陣し（陣をならべ）、敵を迎ふるの勢を作（な）す。将佐、体を比《なら》べて戦を挑む風を呈し、

文献

試弩、射弓、打毬、走馬の武芸もて中《うち》（心）を呈《しめ》す。賞もて犒（ねぎら）ふに差有り。軍卒の労績は、給するに銭帛を以てす。

（9）前掲『夢粱録』巻四

観潮

且帥府節制水軍、教閲水陣、統制部押于潮未来時、下水打陣展旗、百端呈拽。又于水中動鼓吹、前面導引、後擡将官于水面。舟楫分布左右、旗幟満船。上等舞槍飛箭、分列交戦。試砲放烟、捷追敵舟。火箭群下、焼燬成功。鳴鑼放教、賜犒等差。

〔銭塘江の〕潮を観る

且つ師府は水軍を節制（指揮）し、水陣を教閲し、部押を潮の未だ来らざる時に統制し、水を下りて陣を打し（並べ）旗を展べ、百端、拽を呈す。又水中に于て動（やや）もすれば鼓吹し、前面に導引し、後に将官を水面に擡《もた》ぐ。舟楫、左右に分布し、旗幟、船に満つ。上、槍を舞はし箭を飛ばすを等（ま）ちて、列を分かちて交戦せしむ。砲を試みて、放烟し、敵舟を捷《はや》く追ふ。火箭群り下り、焼燬して成功す。鑼を鳴らして放教（演習をやめる）し、犒ひを賜はるに等差あり。

（1）周密『乾淳御教記』一三〇〇頃
（2）周密『乾淳起居注』一三〇〇頃
（3）田汝成『西湖遊覧志余』巻三、一五八四
（4）周密『乾淳歳時記』一三〇〇頃

表二　黒色火薬を用いた爆竹、爆仗、煙火

西暦年	記述内容および原典名
一一〇〇頃	この頃、中国では黒色火薬が実用化されたものと推定される。
～一一一六	「よく煙火を打ち揚げることができるのは硝石だけである」とある（『本草衍義《ほんぞうえんぎ》』）。
～一一二五	爆仗《ばくじょう》、煙火、爆竹を行った（『東京夢華録《とうけいむかろく》』）。
～一一三二	群盗の李横《りおう》が徳安府（湖北省安陸県）を攻めたとき、陳規《ちんき》（一〇七二～一一四一）は火槍《かそう》を用いて城を守りぬいた。
一一五一	熝爆《ろくばく》があった（『西湖遊覧志余《せいこゆうらんしよ》』）。
～一一五四頃	紙砲《しほう》が王銍《おうちつ》の著した『雑纂録《ざつさんろく》』に記されている。
一一六六、一一六八	宋軍は軍隊の演習のおり「車砲《しゃほう》、煙槍《えんそう》、水爆《すいばく》」などを用いた（『武林旧事《ぶりんきゅうじ》』）。
一一七〇、一一八三	十二月二十八日に爆仗があった（『武林旧事』、『乾淳《けんじゅん》歳時記《さいじき》』、『乾淳起居注《けんじゅんききょちゅう》』、
一一八〇	『西湖遊覧志余』、『辟寒部《へきかんぶ》』、『（新増）月日紀古《げつじつきこ》』、『月令粋編《げつれいすいへん》』など）。
一一八六	天子は烟火の百余《ひゃくよ》架《か》を放つと聞いて帰って御覧になった（『武林旧事』、『西湖遊覧志余』）。
～一一八九	起輪《きりん》、走線《そうせん》、流星、水爆などの煙火が淳熙《じゅんき》年間に行われた（『武林旧事』）。
～一一八九	金の国の鉄李《てつり》は狐をとるのに火缶《かかん》を用いた（『続夷堅志《ぞくいけんし》』）。

～一二〇〇	爆仗が朱熹《しゅき》（一一三〇～一二〇〇）の語録として記された『朱子語類《しゅしごるい》』、煙火が朱熹の詩文を集めた『朱文公文集《しゅぶんこうぶんしゅう》』に記されている。
～一二〇一	「爆竹は硫黄を用いてつくり、これを爆仗という」とある（『会稽志《かいけいし》』）。
一二二五	地老鼠《ちろうそ》を陰暦正月十五日に清燕殿《せいえんでん》で行った（『斉東野語《せいとうやご》』）。
～一二三五	煙火を行い、爆仗を放った（『都城紀勝《とじょうきしょう》』）。
～一二五〇頃	五色の煙火を放ち、爆竹を放った（『西湖老人繁勝録《せいころうじんはんしょうろく》』）。
一二七二	流星火を軍事の合図に用いた（『斉東野語』、『宋史《そうし》』、『続資治通鑑《ぞくしじつがん》』など）。
～一二七四	「爆仗、仕掛け花火、花火を町の中で売り、爆竹の音は雷のようである」とある（『夢粱録《むりょうろく》』）。
～一三〇〇頃	爆竹、爆仗、煙火などが周密《しゅうみつ》（一二三二～一三〇八）の著した『武林旧事』、『斉東野語』、『乾淳歳時記』、『乾淳起居注』などに記されている。

十二　金代の観灯、爆竹、及び火缶

金代には、どのような観灯の行事、爆竹、及び火器があったのであろうか。

金の初期には、陰暦正月十五日の上元の夜に灯を飾り、これを観賞する観灯や爆竹を行う風習はなかった。いま、宇文懋昭《うぶんぼうしょう》（～一二三四頃）の著した『大金国志《だいきんこくし》』(1)（一二三四頃）によれば、次のようなことがあったとある。

大定《たいてい》二十七年（一一八七）正月上元の夜の灯を飾る行事には、様々な珠、珠でつくった首飾り、かわせみの羽、空を飛ぶ仙人の人形などで飾り、ある灯は金色の珠が燦然《さんぜん》としていた。都の男女は着飾ってこれを観賞し、十八日になってこの行事は終った。

金の初め頃は、上元の観灯の習慣は知られていなかった。己酉《きゆう》（一一二九）の歳に、南宋の人で金の都の大都、すなわち北京に連行された僧がいた。上元の夜、長い竿で灯毬を引き、これを外に出して遊戯をしていた。

ときに太宗《たいそう》（在位、一一二三～一一三五）はこれを見て大変驚き、左右の重臣に「スパイではなかろうか」と、尋ねた。ときに南宋の人で、内乱を起こそうとして、その計画が漏れて罰せられた者がいた。

それゆえ、太宗はこの僧をも疑って「この者は人々を呼び集めて、乱を起こす日時を決めるあかしとして、この灯を立てたのである」と言って、この僧を殺すように命じた。数年経ってから、河北省の北部の地方では、この行事がどんなものか、やっと分かってきた。

すなわち、宋の国で行われていた観灯の行事は金の国でも行われるようになった。また、後述の爆竹の行事も北宋から伝わったと、推定されるのである。

高士談《こうしだん》（〜一一四六）の「庚戌《こうじゅつ》（一一三〇）の元日」と題する詩(2)には「爆竹をする風習は、都から遠く離れたこの地でも同じようにしている」とある。この爆竹は竹を燃やすものと推定される。

姚孝錫《ようこうしゃく》（一〇九九〜一一八一）の「歳晩、二弟を懐《おも》ふ」と題する詩(3)に「爆竹は、また新薦の歳を驚かす」とある。この爆竹も竹を燃やすものと推定される。

酈権《れきけん》の「除夜」と題する詩(4)の中に「外国から来た珍しい品物も、老いてからは驚くことばかりである。病んでいると、隣近所のあちらこちらで鳴る爆竹の音にも怯える始末だ」とある。この爆竹は竹を燃やす爆竹か、火薬を使用した爆竹か明らかでない。

これらの爆竹も北宋の国から伝わったと推定される。

金代、元代に詩人として、また学者として知られた元好問《げんこうもん》（一一九〇〜一二五七）の「閻商卿《えんしょうけい》（人名）が山中に帰る」と題する詩(5)の中に「翰林院では、湿った薪に爆竹の音がする」とある。ここには「湿った薪」が記されているので、この爆竹は竹を燃やしたものと推定される。ただ、この詩は金代のことを記したものか、元代のことを記したものか明らかでない。

前述の元好問（一一九〇～一二五七）の書いた『続夷堅志《ぞくいけんし》』（～一二五七）の中で「狐、樹を鋸す」と題する話(6)が記されている。

山西省陽曲県《ようきょくけん》の北鄭村《ほくていそん》、中社《ちゅうしゃ》に住む鉄李《てつり》という者は、狐を捕えるのを職業としていた。大定（一一六一～一一八九）末の或る日、網を溝の北の古い墓の下に張って、家鳩を繋いで餌とし、自分自身は大きい樹の上に登り狐がくるのを伺っていた。

午後十時頃、群をなした狐がやって来て、人の言葉を使って話をした。「鉄李、鉄李、お前は家鳩を使い我々をあざむくのか。お前の家の親子は驢馬《ろば》に似ていて、農業をしないで、ひたすら殺生をしている。俺の父母兄弟妻子はすべてお前のために殺されてしまった。今日こそ天命が来た。お前は樹から降りて来い。さもないと鋸で樹を倒すぞ、文句をいうではないぞ」と。

鉄李には鋸をひき、大声で叫び、大鍋に油を煮て、「鉄李を煮るべきだ」といった声が聞えた。火もまたこれにつれて燃えあがり、鉄李は樹の上で恐ろしくなり、どうしてよいか分からなかった。

そのとき、鉄李は腰に大斧を持っているのを思い出した。万一、樹が倒れたならば、大斧で狐を滅多打ちにしてやろうと決心した。暫くして夜が明け、狐は去っていった。樹には鋸の

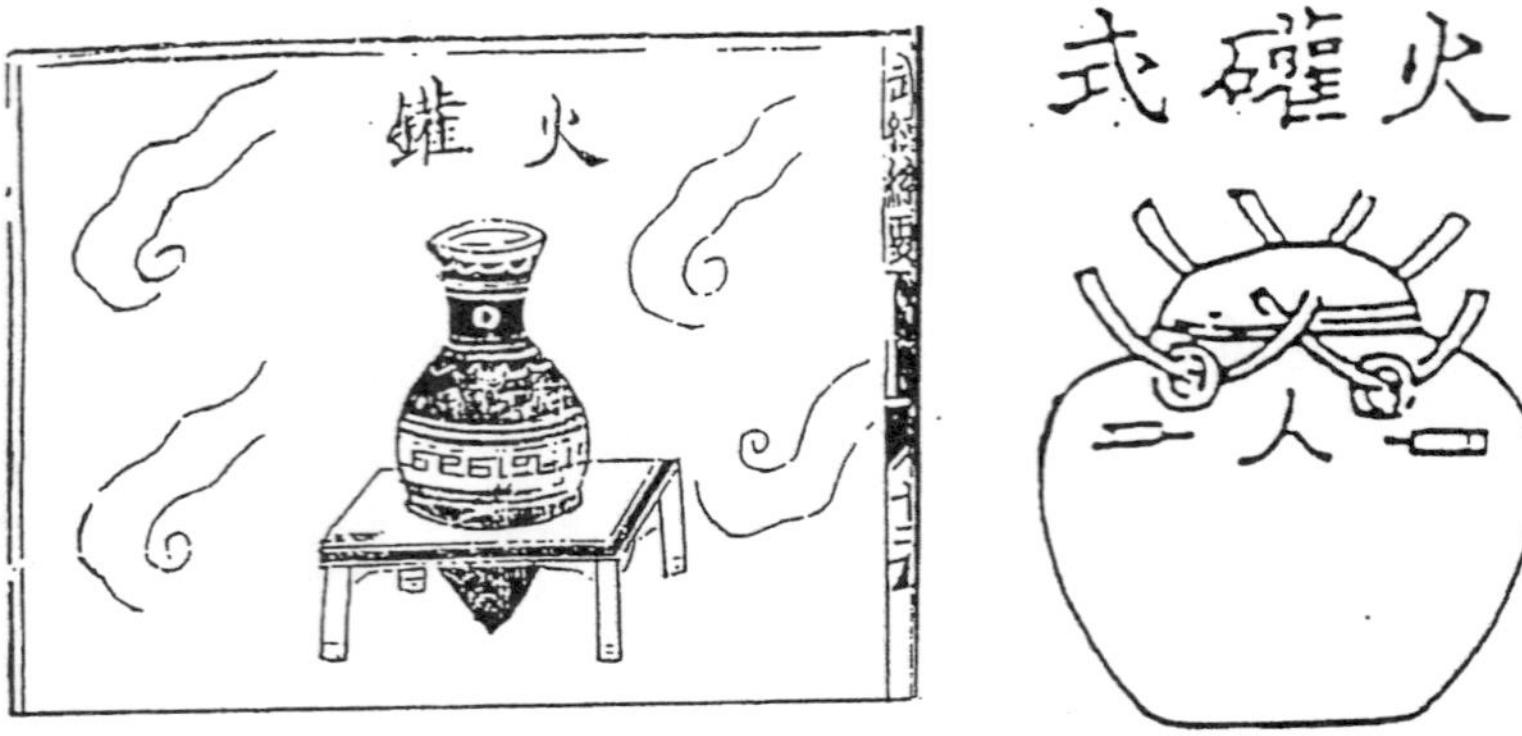

図十八　火缶（『武経総要』（1044）による）及び火缶式（『兵録』（1606）による）

痕もなく、傍らに牛の肋骨が数本散らばっているのみであった。

鉄李はその出来事が、全くの幻想であることが分かると、その夜また行った。まだ十時にもならないのに、狐は群をなしてやってきて、仲間とともに、吠え、鳴き、叫んだ。鉄李は腰に火缶《かかん》を懸けておき、導火線の巻爆《かんばく》を取り、ひそかに点火して、樹の下に投げた。火薬が爆発すると、たちまち猛烈な音をたてた。群をなして狐はあちらこちらへと逃げまわった。

このとき、狐の逃げるところに網が張ってあったので、この網にからまってしまった。鉄李はすばやく樹から飛び降り、目をつぶり死ぬばかりの狐を、一語も発しないで、斧でうち殺してしまった。

ここに用いられた火缶は、素焼きの容器に火薬を入れ、これに導火線をつけたものである。宋代の兵書である『武経総要』（一〇四四）には、この火缶の図が記されている。

また明代の兵書の『兵録《へいろく》』（一六〇六）には「火缶」と「火缶式《かかんしき》」とが記載されているが、「火缶式」には導火線が記されているので、ここに用いられた「火缶」は「火缶式」と同様のものと推定される（図十八）。ここに記された陽曲県は、かつては北宋の国であった。これ以前の北宋の国では火薬が知られていた。その火薬を素焼きの容器につめたものが、この火缶である。このような火缶はまず宋軍により最初に作られたのか、あるいは前述の敦煌で発見されたような火槍の知識が最初に金軍に伝わったため、金の国でこのような火缶が最初に作られたのか明らかでないが、この火缶は爆発性の火器としては初期のものと推定される。この火缶は爆発力が弱いためか、これ以前の金軍、宋軍とも、その製造使用の記録は明らかでない。馮家昇《ふうかしょう》の著した『火薬の発明と西伝』（『火薬的発明和西伝』）によれば、この種の火缶は下が太く上が細い陶製のもので、中国科学院考古研究所に現在、所蔵されているといわれる。

このほかの金代の軍事火器としては、火薬を用いた鉄火砲《てっかほう》、震天雷《しんてんらい》、飛火槍《ひかそう》、火槍《かそう》などのほかに、人の脂肪を壷に入れ、点火して敵陣中に投げる人油礮《じんゆほう》などがあった。

それでは、次に火槍、流星、爆竹、爆仗、煙火の構造関係を考えてみよう。

注

（1）　宇文懋昭『大金国志』巻十八、「夷十一国朝貢」の項、一二三四頃大定二十七年［時宋淳熙十四年也］正月元夕張灯、琉璃、珠瓔、翠羽、飛仙之類、不一至。有一灯金珠為飾者。都人男女盛飾観玩、至十八日而罷。

大金之初、皆不暁元夕張灯。己酉歳有南僧、被掠至其闕。遇上元、以長竿引灯毬、表而出之以為戯。

太宗見之大駭、問左右曰、得非星邪。左右以実対。時有南人、謀変事泄而誅。故太宗疑之曰、是人欲嘯聚為乱。刻日時立以此為信耳。命殺之。後数年、至燕頗識之。至今遂盛。

大定二十七年［時に宋の淳熙十四年なり］（一一八七）正月元夕の張灯には、琉璃、珠瓔、翠羽、飛仙の類、一も至らず。一灯の金珠を飾と為す者あり。都人の男女盛飾して観玩し、十八日に至りて罷む。

大金の初め、皆元夕の張灯を暁（さと）らず、己酉（一一二九）の歳、南僧有り、掠め被（ら）れて其の闕（宮殿の門）に至る。上元に遇ひ（元宵節となり）、長竿を以て灯毬を引き、表（ひょう）して之を出して以て戯と為す。

太宗之を見て大いに駭き、左右に問ひて曰く、「星にあらざるを得んや」と。左右、実を以て対（こた）ふ。時に南人有り、変を謀り、事泄（も）れて誅せらる。故に太宗之を疑ひて曰く「是の人、嘯聚（人々を呼び集めて）して乱を為さんと欲し、日時を刻（しる）し、立てて此を以て信（しるし）と為すのみ」と。命じて之れを殺さしむ。後（のち）数年にして、燕（河北省北部）に至り、頗る之を識る。今に至るまで遂に盛んなり。

（2）『全金詩』南開大学出版社、一九九四（巻二、「高士談」の項）「庚戌元日」（一一三〇の元日）と題する詩には「習俗、天涯、同爆竹」（習俗、天涯も、爆竹を同じくす）

（3）前掲『全金詩』巻七、姚孝錫の「歳晩懐二弟」（歳晩、二弟を懐《おも》ふ）と題する詩には「爆竹又驚新薦歳」（爆竹は、又新薦の歳を驚かす）

（4）陳夢雷編『古今図書集成』（暦象彙編功典）、第九十五巻、一七二五）、（前掲『全金詩』巻七十四）酈権の「除夜」と題する詩の中に「殊方節物老堪驚。病怯諸隣爆竹声」（殊方（他国）の節物（四季おりおりの品物）は、老いて驚くに堪へたり。病んでは怯ゆ諸隣の爆竹の声）

（5）元好問『遺山詩集』巻四、～一二五七（前掲『全金詩』巻百十五）「閻商卿還山中」（閻商卿が山中に還（帰）る）と題する詩の中に「翰林湿薪、爆竹声」（翰林の湿薪に、爆竹の声）

（6）元好問『続夷堅志』巻二、～一二五七

「狐鋸樹」

陽曲北鄭村中社鉄李者、以捕狐為業。大定末一日、張網溝北古墓下、繫一鴿為餌、身在大樹上伺之。二更後、群狐至、作人語云、鉄李鉄李、汝以鴿賺我耶。汝家父子驢群相似、不肯做荘農、只

学殺生。俺内外六親都是此賊害却。今日天数到此。好下樹来。不然鋸倒、別説話。即聞有拽鋸声。大呼椿鑊、煮油当烹此賊。火亦随起。鉄李惧不知所為。顧腰惟有大斧。思樹倒則乱斫之。須臾天暁、狐乃去。樹無鋸痕、旁有牛肋数枝而已。

鉄李知其変幻無寔、其夜復往。未二更、狐至、泣罵倶有倫。李腰懸火缶、取巻爆、潜爇之擲樹下。薬火発、猛作大声、群狐乱走。為網所罥、瞑目待斃。不出一語、以斧椎殺之。

「狐、樹を鋸す」

陽曲（山西省陽曲県）の北鄭村、中社の鉄李は、狐を捕ふるを以て業と為す。大定末の一日、網を溝北の古墓下に張り、一鴿（一羽の家鳩）を繋ぎて餌と為し、身は大樹の上に在りて之を伺へり。二更（午後十時頃）の後、群狐至り、人語を作（な）して云ふ「鉄李、鉄李、汝は鴿を以て我を賺（あざむ）くか。汝が家の父子は驢群に相似て、肯（あ）へて荘農（農業）を做（な）さずして、只だ殺生を学ぶのみ。俺の内外の六親（父母兄弟妻子）は都（すべ）て是れ此の賊に害却せらる。今日、天数（自然の運命）此に到る。好く樹を下りて来たれ。然らずんば鋸もて倒さん、説話するなかれ」と。

即ち鋸を拽く声有るを聞く。大呼して鑊（足のないなべ、かま）を椿（ささえる、ひろげる）し、油を煮て当に此の賊（鉄李）を烹るべしと。火もまた随ひて起こる。鉄李は惧れて為す所を知らず。顧みるに腰に惟だ大斧有るのみ。樹倒るれば、則ち乱りに之れを斫らんと思ふ。須臾（しばらくして）にして天暁け、狐乃ち去る。樹に鋸の痕無く、旁らに牛肋数枝あるのみ。鉄李、其の変幻にして無寔（無実）なるを知り、其の夜復た往けり。未だ二更ならずして、狐至り、泣罵して倶に倫（仲間）有り。李、腰に火缶を懸け、巻爆を取り、潜かに之を爇《や》き、樹下に擲《な》げうつ。薬火発して、猛（にわか）に大声を作（な）せば、群狐乱走す。網の罥（から）む所と為り、瞑目して斃るるを待つ。一語をも出ださず、斧を以て之を椎殺せり。

文献

（1）曽公亮『武経総要』前集巻十二、一〇四四
（2）何汝賓『兵録』巻十二、一六〇六
（3）馮家昇『火薬的発明和西伝』華東人民出版社、一九五四
（4）岡田登「震天雷と飛火槍の淵源」、『東洋文化』、八十、十八、一九九八

十三　火槍、流星、爆竹、爆仗、煙火

宋代には火毬類のほかに、煙火に類似した軍事火器として『武経総要』編集後（一〇四四～）につくられた「火槍」や「流星」などがあった。では具体的に、どのような構造の火槍や流星がつくられたのであろうか。前述のように竹の周りを燃焼剤で包んだ霹靂火毬は既につくられていたのである。

初期の火槍は、長さ四、五メートル、直径四、五センチの竹の片方の節、二つか三つをとり除き、この中へ火薬を入れ導火線をつけ、火薬がこぼれないように紙などで栓をする。この火薬を入れた方の端に刃物をとりつけるか、あるいは槍にこの竹筒の小型のものをとりつけ、敵に遭遇して白兵戦になったとき、まず火薬に点火してその火焔で敵を焼き払い、火薬が燃焼しつくした後は、更に槍として敵を刺すものである。

最初の火槍は、北宋の陳規（一〇七二～一一四一）が竹筒を用いてつくったものである（～一一三二）。竹が自生していない中国北部の地方は勿論のこと、竹の自生地でも、後世には、紙を巻いて長さ四、五十センチ、直径四、五センチの筒をつくった。そしてこの紙筒の片方を密閉してこの中に火薬をつめ、この紙筒に導火線をとりつけ、更にこれを槍にとりつけて火槍をつくった。

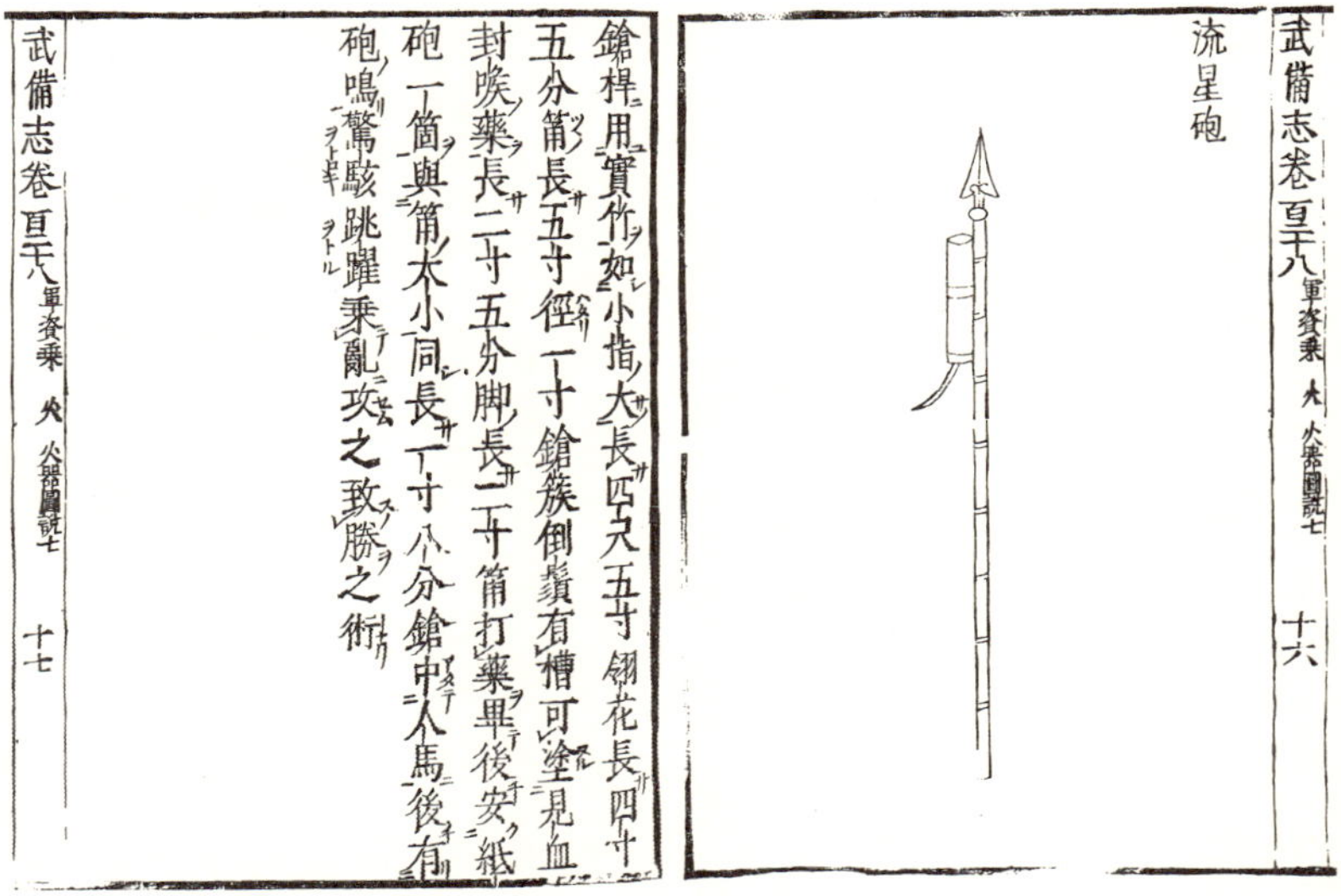

図十九　流星（流星砲）（『武備志』（1621）による）

紙筒は竹筒より軽く、数回の使用に耐えうることが経験的に分かってきたので、次第に紙筒が用いられるようになったと推定される（図十五）（一〇二頁）。

流星と火槍とでは、次のような構造上の相違がある。前述の火槍は、とりつける紙筒に点火して、火焔が前方に向けて噴出するようにしたもので、すなわち槍を持った人が敵に遭遇したときに点火すると、火焔が前方の敵に向けて噴射される（図十五）。この火薬の入った筒の方向を反対にして、火焔が後方に噴出するようにし、軽い細い竹にとりつけて点火すれば、火焔を後方に吹きながら空中を飛翔しうる（図十九）。これが流星である。これは前述の『武林旧事』にみられる流星花火として、あるいは一二七二年には軍事の通信としても用いられていた（『斉東野語』、『宋史』、『続資治通鑑』など）。

初期の火薬を用いた「爆竹」、あるいは「爆仗」は、どんな構造であったのであろうか。竹筒の中へ火薬をつめ、導火線をつけ、その両端を餅などの粘着性物質でふさぎ密閉すれば、点火したとき、この竹筒が破裂して大音響を発する。これは外見は竹の杖と大差はないが、点火すれば爆鳴を発するので、爆仗と名づけられたと推定される。この爆仗はその初期にあっては、爆竹とも呼ばれた（『（嘉泰）会稽志』）。後世には、竹の代わりに紙筒を用いてつくられていた。一方、初期につくられた仕掛け花火が、爆仗とも呼ばれていたことは、『武林旧事』、『乾淳歳時記』、『西湖遊覧志余』などによって知ることができる。

更に「地老鼠」について言及してみるが、その構造は次のように想定される。前述の火槍に使う紙筒を長さ四、五センチ、直径一センチくらいの小型にして火薬をつめて点火すれば、地上で火を吹きながら飛びはねることができる。このような構造物は一二二五年には地老鼠として、前述のように宮中で用いられていたのである（『斉東野語』）。また後世にも、広く使用されていたのである。

以上を要約すれば、爆竹、爆仗、火槍、流星、地老鼠などの構造は次のような関係にある。すなわち、（1）竹の周りを燃焼剤でつつみ霹靂火毬をつくり、（2）竹あるいは紙筒を用い、中に火薬をつめ、両端を密閉して爆竹、爆仗をつくり、（3）爆竹あるいは爆仗の両端を密閉せず、片方のみを密閉して、火焔が敵に向け噴出するように槍にとりつけて火槍をつくり、（4）火焔が後方に噴出するように細い竹などにとりつけて流星をつくった。（5）また地老鼠は紙筒を小型化し、中に火薬をつめたものである。

「煙火」（花火）は、火槍に点火すれば、火焔は一方に吹き出すので、これを夜間、観賞に用い、後世には梨花（梨火）なる花火の名称で呼ばれたのである。これが南宋時代になると、爆竹、爆仗、煙火のほかに仕掛け花火も行われていた。前述の『武林旧事』、『乾淳歳時記』、『西湖遊覧志余』に記されている「百余架」や、『夢粱録』にみられる「成架」などは、具体的にどんな構造か明らかでないが、「宮殿の係官が寄付した屏風」は、点火することにより、屏風に果物や人物などを描き出す仕掛け花火であった。当時、この花火が爆仗とも呼ばれていたことは『武林旧事』、『乾淳歳時記』、『西湖遊覧志余』などの記述から知ることができる。

「起輪」（花火）は、「西瓜砲」のような構造で、現在のいわゆる打ち上げ花火の構造をしているものと想像される。走線花火は、どんな花火か正確には明らかでないが、紐を水平に張っておき、この紐に沿って走る仕掛け花火と想定される。水爆花火も、構造は明らかでないが、前記の内容から推測すると、大音響を発し、また川などの水面近くで用いているので、金魚花火に類するものと思われる。

具体的な煙火の製法は、『本草衍義』には硝石を用いていたことが、『（嘉泰）会稽志』には、爆竹の爆薬に硫黄を用いていたことが記されている。しかしながら、これらの記述は、黒色火薬は硝石、硫黄、木炭の混合物であることを知らないまま、その成分を断片的に記したものと推定される。また『武林旧事』によると、仕掛け花火に導火線を用いていたことを知ることができる。

文　献

（1）周密『斉東野語』、巻十八、「二張援襄」の項、一三〇〇頃

（2）脱脱『宋史』、巻四百五十、一三四五

（3）畢沅『続資治通鑑』、巻百八十、一八六七

（4）Noboru Okada: Origin of the Huo qiang〔火槍 or 火鎗〕(Fire-lance) and its devlopment into Liuxing〔流星〕(Shoting star) in China, Science and Technology of Energetie Materials 第64巻 第3冊, 5 & 6, 2003.

おわりに

科学、あるいは化学の起源は人類による火の使用に始まる。火は人類の食生活などに大きく寄与するとともに、戦争にも使用された。この戦いにおける火の使用は、黒色火薬を用いた軍事火器の出現へと発展した。これらは後世になるとますます進歩発展する。それとともに軍事火器が戦争において大きく勝敗を決し、歴史を大きく動かすようになってきた。これらの事実は科学史、あるいは化学史において、特筆されるべき重要な問題である。この火薬を娯楽に用いたものが花火である。黒色火薬が発明され、実用化されるようになって、初期の花火と軍事火器は、相互に有機的に関連して進歩発展した。

この黒色火薬とは、重量比で硝石約七五％、木炭約一五％、硫黄約一〇％よりなる。色が黒く、また爆発燃焼したとき黒煙を生じる。近代戦においては砲手を真っ黒にし、さらに大砲や小銃を汚し、戦場の空を暗く、また見通しの悪いものにする。

黒色火薬の爆発燃焼については次の式が知られている。

$$16KNO_3 + 3S + 21C \rightarrow 13CO_2 + 3CO + 8N_2 + 5K_2CO_3 + K_2SO_4 + 2K_2S$$

$(KNO_3 : S : C = 82.3 : 4.9 : 12.8)$

この爆発燃焼時の体積増加は、黒色火薬の見掛け比重を一として〔通常、見掛け比重は〇・九～一・一、真比重は一・五八～一・八四〕燃焼熱七〇〇Cal〕〇℃、一気圧では二七一、三倍の体積増加がみられる。黒色火薬の燃焼温度一五〇〇～一七〇〇℃、一気圧で計算すれば、なお、その数倍の体積増加がみられる。この著しい体積増加は精度の悪い初期の鉄砲や大砲などにとって、極めて理想的な火薬であった。

これに対して無煙火薬は煙りが少ない。フランスのクロード・ルイ・ベルトレー（一七四八～一八二二）による塩素素カリ（一七八六）、スコットランドのハワードによる雷汞（一八〇〇）、ドイツのフリードリッヒ・シェンバイン（一七九九～一八六八）によるコロジオン（またニトロセルローズ、硝化綿ともいわれる）（一八四六）、イタリアのアスカニオ・ソブレーロ（一八一二～一八八九）によるニトログリセリン（一八四六）の発明、スウエーデンのアルフレッド・ノーベル（一七九九～一八六八）によるダイナマイト（一八〇〇）の発明がある。

陶磁器、鉄器、刀剣などは古代、中世につくられた実物が現存するので、これらについての論議は行われている。これに対し、黒色火薬は世界で最初につくられた実物が現存しないばかりか、中世以降の古い時代につくられた現物も存在しない。その組成が硝石、硫黄、木炭からなり、保存状態によっては硝石が分解する現象もあるからである。

「火薬が爆発した」といった事実は、火薬をよく知っている人、火薬の取り扱いになれた人、あるいは火薬の爆発を経験した人には「これは火薬が爆発したのである」と断定することができるが、火薬を全く知らない人には、厳密な意味で、そのような結論を下すことはできない。すなわち、いかなる人も、最初に遭遇した火薬の爆発は、全く未知の出来事であった筈であり、それが火薬の爆発であったか否かを認めうる人は一人もいなかった、というべきである。

いつ、どこで、どのような火薬があったかを知るためには、いつ、どこで「どんな花火が行われたか」、「どのような軍事火器が使用されていたか」、「どんな爆発があったか」を正確な史実を科学的に客観的に判断することにより、明らかにすることができる。

本稿はこのような観点から、中国の古典を網羅し、その中から竹を燃やす爆竹から、火薬を使ったものへと発展する。その過程を考察しながら、いつ、火薬が使われるようになったか、を論じたものである。また、本論は、二、三の史料から火薬を論じたものではない。本書では数十点の原典を明記したのみであるが、実際にはこの数十倍の史料を探索し、その中から、爆竹と花火に関する資料を拾いだして纏めたものである。

本稿の執筆にあたり、まず中国の古典の中から、爆竹および黒色火薬の記述についてみられる原典をピックアップした。たとえば『全唐詩』の中から爆竹などの記述を拾いだしたが、これには数日間を費やした。このように中国の古典の数は非常に多い。そのためにこれらの原典を探し出すのに数年を費やした。つづいて、その原典の成立年を出来うるかぎり正確に確認した。これが不明のときは、その原典の著者の生卒年から、その成立年を推定した。そしてこれらの原典を年代別に配列し、さらにそこに記された内容をできうるかぎり、正確に訳し、具体的にどのような構造の物であったかを考察した。そしてこれらの各々が、どのように発展したかについても考察し推定した。

本稿は嘗て「中国における爆竹・爆仗・煙火の起源とその初期の発展」（一九八二）と題し、纏めておいたものを短大研究報告書に発表した。これをケンブリッジ大学のニーダム博士が彼の著作にとりあげて下さった。そこで私のアイディアも棄てたものでないと考えて、『中国爆竹史の研究』（一九八九）と題し纏めたところ、森重出版企画から出版していただいた。これを見られた無窮会の東洋文化研究所長の遠藤光正先生が、漢文訳については協力するから、書き直してみてはと忠告してくださったのが発端となり、旧版『中国爆竹史』（一九九七）に纏めなおした。今回は更にそれを書き替えて改題し修正したものである。

本稿に記した漢文は難解なものが多い故、執筆にあたり香川大学名誉教授・故藤川正數先生には再三にわたりご指導をお願いした。また、無窮会東洋文化研究所の諸先生方には折りにつけ、ご指導をいただいた。とりわけ図書館長の濱久雄先生には数々のご指導をお願いした。ここに厚く御礼申し上げます。

汲古選書45

中国火薬史
――黒色火薬の発明と爆竹の変遷――

二〇〇六年八月三十一日　発行

著　者　岡　田　　登
発行者　石　坂　叡　志
印刷所　富　士　リ　プ　ロ

発行所　汲　古　書　院
〒102-0072　東京都千代田区飯田橋二―五―四
電　話〇三（三二六五）九七六四
ＦＡＸ〇三（三二二二）一八四五

©二〇〇六

ISBN4－7629－5045－9　C3322
Noboru Okada　©2006
KYUKO－SHOIN, Co, Ltd. Tokyo

汲古選書

既刊45巻

1

一言語学者の随想

服部四郎著

わが国言語学界の大御所、文化勲章受賞・東京大学名誉教授故服部先生の長年にわたる珠玉の随筆75篇を収録。透徹した知性と鋭い洞察によって、言葉の持つ意味と役割を綴る。

▼494頁／定価5097円

2

ことばと文学

田中謙二著

京都大学名誉教授田中先生の随筆集。

「ここには、わたくしの中国語乃至中国学に関する論考・雑文の類をあつめた。わたくしは〈ことば〉がむしょうに好きである。生き物さながらにうごめき、またピチピチと跳ねっ返り、そして話しかけて来る。それがたまらない。」（序文より）

▼320頁／定価3262円　好評再版

3

魯迅研究の現在

同編集委員会編

魯迅研究の第一人者、丸山昇先生の東京大学ご定年を記念する論文集を二分冊で刊行。執筆者＝北岡正子・丸尾常喜・尾崎文昭・代田智明・杉本雅子・宇野木洋・藤井省三・長堀祐造・芦田肇・白水紀子・近藤竜哉

▼326頁／定価3059円

4

魯迅と同時代人

同編集委員会編

執筆者＝伊藤徳也・佐藤普美子・小島久代・平石淑子・坂井洋史・櫻庭ゆみ子・江上幸子・佐治俊彦・下出鉄男・宮尾正樹

▼260頁／定価2548円

5・6

江馬細香詩集「湘夢遺稿」

入谷仙介監修・門玲子訳注　幕末美濃大垣藩医の娘細香の詩集。頼山陽に師事し、生涯独身を貫き、詩作に励んだ。日本の三大女流詩人の一人。

▼⑤定価2548円／⑥定価3598円　好評再版

7

詩の芸術性とはなにか

袁行霈著・佐竹保子訳　北京大学袁教授の名著「中国古典詩歌芸術研究」の前半部分の訳。体系的な中国詩歌入門書。

▼250頁／定価2548円

8

明清文学論

船津富彦著

一連の詩話群に代表される文学批評の流れは、文人各々の思想・主張の直接の言論場として重要な意味を持つ。全体の概論に加えて李卓吾・王夫之・王漁洋・袁枚・蒲松齢等の詩話論・小説論について各論する。

▼320頁／定価3364円

9

中国近代政治思想史概説

大谷敏夫著　阿片戦争から五四運動まで、中国近代史について、最近の国際情勢と最新の研究成果をもとに概説した近代史入門。1阿片戦争2第二次阿片戦争と太平天国運動　3洋務運動等六章よりなる。付年表・索引　▼324頁／定価3262円

10

中国語文論集　語学・元雑劇篇

太田辰夫著

中国語学界の第一人者である著者の長年にわたる研究成果を全二巻にまとめた。語学篇＝近代白話文学の訓詁学的研究法等、元雑劇篇＝元刊本「看銭奴」考等。

▼450頁／定価5097円

11
中国語文論集　文学篇
太田辰夫著

本巻には文学に関する論考を収める。「紅楼夢」新探／「鏡花縁」考／「児女英雄伝」の作者と史実等。付固有名詞・語彙索引

▼350頁／定価3568円

12
中国文人論
村上哲見著

唐宋時代の韻文文学を中心に考究を重ねてきた著者が、詩・詞という高度に洗練された文学様式を育て上げ、支えてきた中国知識人の、人間類型としての特色を様々な角度から分析、解明。

▼270頁／定価3059円

13
真実と虚構―六朝文学
小尾郊一著

六朝文学における「真実を追求する精神」とはいかなるものであったか。著者積年の研究のなかから、特にこの解明に迫る論考を集めた。

▼350頁／定価3873円

14
朱子語類外任篇訳注
田中謙二著

朱子の地方赴任経験をまとめた語録。当時の施政の参考資料としても貴重な記録である。「朱子語類」の当時の口語を正確かつ平易な訳文にし、綿密な註解を加えた。

▼220頁／定価2345円

15
児戯生涯　一読書人の七十年
伊藤漱平著

元東京大学教授・前二松学舎大学長、また「紅楼夢」研究家としても有名な著者が、五十年近い教師生活のなかで書き綴った読書人の断面を随所にのぞかせながら、他方学問の厳しさを教える滋味あふれる随筆集。

▼380頁／定価4077円

16
中国古代史の視点　私の中国史学(1)
堀　敏一著　中国古代史研究の第一線で活躍されてきた著者が研究の現状と今後の課題について全二冊に分かりやすくまとめた。本書は、1時代区分論　2唐から宋への移行　3中国古代の土地政策と身分制支配　4中国古代の家族と村落の四部構成。

▼380頁／定価4077円

17
律令制と東アジア世界　私の中国史学(2)
堀　敏一著　本書は、1律令制の展開　2東アジア世界と辺境　3文化史四題の三部よりなる。中国で発達した律令制は日本を含む東アジア周辺国に大きな影響を及ぼした。東アジア世界史を一体のものとして考究する視点を提唱する著者年来の主張が展開されている。

▼360頁／定価3873円

18
陶淵明の精神生活
長谷川滋成著

詩に表れた陶淵明の日々の暮らしを10項目に分けて検討し、淵明の実像に迫る。内容＝貧窮・子供・分身・孤独・読書・風景・九日・日暮・人寿・飲酒　日常的な身の回りに詩題を求め、田園詩人として今日のために生きる姿を歌いあげ、遙かな時を越えて読むものを共感させる。

▼300頁／定価3364円

19
岸田吟香―資料から見たその一生
杉浦　正著　幕末から明治にかけて活躍した日本近代の先駆者―ドクトル・ヘボンの和英辞書編纂に協力、わが国最初の新聞を発行、目薬の製造販売を生業としつつ各種の事業の先鞭をつけ、清国に渡り国際交流に大きな足跡を残すなど、謎に満ちた波乱の生涯を資料に基づいて克明にする。

▼440頁／定価5040円

20 グリーンティーとブラックティー
中英貿易史上の中国茶

矢沢利彦著　本書は一八世紀から一九世紀後半にかけて中英貿易で取引された中国茶の物語である。当時の文献を駆使して、産地・樹種・製造法・茶の種類や運搬経路まで知られざる英国茶史の原点をあますところなく分かりやすく説明する。
▼260頁／定価3360円

21 中国茶文化と日本
布目潮渢著

近年西安西郊の法門寺地下宮殿より唐代末期の大量の美術品・茶器が出土した。文献では知られていたが唐代の皇帝が茶を愛玩していたことが証明された。長い伝統をもつ茶文化―茶器について解説し、日本への伝来と影響についても豊富な図版をもって説明する。カラー口絵4葉付
▼300頁／定価3990円

22 中国史書論攷
澤谷昭次著

先年急逝された元山口大学教授澤谷先生の遺稿約三〇篇を刊行。東大東洋文化研究所に勤務していた時「同研究所漢籍分類目録」編纂に従事した関係から漢籍書誌学に独自の境地を拓いた。また司馬遷「史記」の研究や現代中国の分析にも一家言を持つ。
▼520頁／定価6090円

23 中国史から世界史へ　谷川道雄論

奥崎裕司著　戦後日本の中国史論争は不充分なままに終息した。それは何故か。谷川氏への共感をもとに新たな世界史像を目ざす。
▼210頁／定価2625円

24 華僑・華人史研究の現在

飯島　渉編　「現状」「視座」「展望」について15人の専家が執筆する。従来の研究を整理し、今後の研究課題を展望することにより、日本の「華僑学」の構築を企図した。
▼350頁／定価2100円

25 近代中国の人物群像
――パーソナリティー研究――

波多野善大著　激動の中国近現代史を著者独自の歴代人物の実態に迫る研究方法で重要人物の内側から分析する。
▼536頁／定価6090円

26 古代中国と皇帝祭祀
金子修一著

中国歴代皇帝の祭礼を整理・分析することにより、皇帝支配による国家制度の実態に迫る。
▼340頁／定価3990円　好評再版

27 中国歴史小説研究
小松　謙著

元代以降高度な発達を遂げた小説そのものを分析しつつ、それを取り巻く環境の変化をたどり、形成過程を解明し、白話文学の体系を描き出す。
▼300頁／定価3465円

28 中国のユートピアと「均の理念」

山田勝芳著　中国学全般にわたってその特質を明らかにするキーワード、「均の理念」「太平」「ユートピア」に関わる諸問題を通時的に叙述。
▼260頁／定価3150円

29
陸賈『新語』の研究
福井重雅著
秦末漢初の学者、陸賈が著したとされる『新語』の真偽問題に焦点を当て、緻密な考証のもとに真実を追究する一書。付節では班彪『後伝』・蔡邕『独断』・漢代対策文書について述べる。
▼270頁／定価3150円

30
中国革命と日本・アジア
寺廣映雄著 前著『中国革命の史的展開』に続く第二論文集。全体は三部構成で、辛亥革命と孫文、西安事変と朝鮮独立運動、近代日本とアジアについて、著者独自の視点で分かりやすく俯瞰する。
▼250頁／定価3150円

31
老子の人と思想
楠山春樹著
『史記』老子伝をはじめとして、郭店本『老子』を比較検討しつつ、人間老子と書物『老子』を総括する。
▼200頁／定価2625円

32
中国砲艦『中山艦』の生涯
横山宏章著 長崎で誕生した中山艦の数奇な運命が、中国の激しく動いた歴史そのものを映し出す。
▼260頁／定価3150円

33
中国のアルバ—系譜の詩学
川合康三著 「作品を系譜のなかに置いてみると、よりよく理解できるように思われます」（あとがきより）。壮大な文学空間をいかに把握するかに挑む著者の意欲作六篇。
▼250頁／定価3150円

34
明治の碩学
三浦 叶著
著者が直接・間接に取材した明治文人の人となり、作品等についての聞き書きをまとめた一冊。今日では得難い明治詩話の数々である。
▼380頁／定価4515円

35
明代長城の群像
川越泰博著
明代の万里の長城は、中国とモンゴルを隔てる分水嶺であると同時に、内と外とを繋ぐアリーナ（舞台）でもあった。そこを往来する人々を描くことによって異民族・異文化の諸相を解明しようとする。
▼240頁／定価3150円

36
宋代庶民の女たち
柳田節子著
「宋代女子の財産権」からスタートした著者の女性史研究をたどり、その視点をあらためて問う。女性史研究の草分けによる記念碑的論集。
▼240頁／定価3150円

37
鄭氏台湾史——鄭成功三代の興亡実紀
林田芳雄著 日中混血の快男子鄭成功三代の史実—明末には忠臣・豪傑と崇められ、清代には海寇・逆賊と貶され、民国以降は民族の英雄と祭り上げられ、二三年間の台湾王国を築いた波瀾万丈の物語を一次史料をもとに台湾史の視点より描き出す。
▼330頁／定価3990円

38
中国民主化運動の歩み
——「党の指導」に抗して——
平野 正著 本書は、中国の民主化運動の過程を「党の指導」との関係で明らかにしたもので、解放直前から八〇年代までの中共の「指導」に対抗する人民大衆の民主化運動を実証的に明らかにし、加えて「中国社会主義」の特徴を概括的に論ずる。
▼264頁／定価3150円

39
中国の文章――ジャンルによる文学史

褚斌杰著／福井佳夫訳　中国における文学の種類・形態・様式である「ジャンル」の特徴を、各時代の作品に具体例をとり詳細に解説する。本書は褚斌杰著『中国古代文体概論』の日本語訳である。

▼340頁／定価4200円

40
図説中国印刷史

米山寅太郎著

静嘉堂文庫文庫長である著者が、静嘉堂文庫に蔵される貴重書を主として日本国内のみならずイギリス・中国・台湾など各地から善本の図版を集め、「見て知る中国印刷の歴史」を実現させたものである。印刷技術の発達とともに世に現れた書誌学上の用語についても解説する。

▼カラー8頁／320頁／定価3675円

41
東方文化事業の歴史

――昭和前期における日中文化交流――

山根幸夫著　義和団賠償金を基金として始められた一連の事業は、高い理想を歌いながら、実態は日本の国力を反映した「対支」というおかしなものからスタートしているのであった。著者独自の切り口で迫る。

▼260頁／定価3150円

42
竹簡が語る古代中国思想

――上博楚簡研究――

浅野裕一編（執筆者＝浅野裕一・湯浅邦弘・福田哲之・竹田健二）

これまでの古代思想史を大きく書き替える可能性を秘めている上海博物館蔵の〈上博楚簡〉は何を語るのか。

▼290頁／定価3675円

43
『老子』考索

澤田多喜男著

新たに出土資料と現行本『老子』とを比較検討し、現存諸文献を精査することにより、〈老子〉なる名称の書籍は漢代のある時期から認められる。少なくとも現時点では、それ以前には出土資料にも〈老子〉なる名称の書籍はなかったことが明らかになった。

▼440頁／定価5250円

44
わたしの中国―旅・人・書冊―

多田狷介著

一九八六年から二〇〇四年にわたって発表した一〇余篇の文章を集め、三部（旅・人・書冊）に分類して一書を成す。著者と中国との交流を綴る。

▼350頁／定価4200円

〈新刊〉

橋川時雄の詩文と追憶

今村与志雄編

橋川時雄（一八九四～一九八二）が生前新聞雑誌に発表したものや、未発表の遺稿から選び、各編の終わりに編者の注等を付し刊行。

▼A5判上製貼函入／592頁／定価10500円

森正夫明清史論集　全三巻

四十年に及ぶ研究を総括し、新たな歴史研究をめざす。

第一巻　税糧制度・土地所有　A5判・15750円
第二巻　民衆反乱・学術交換　A5判・15750円
第三巻　地域社会・研究方法　A5判・15750円

汲古書院